"设计"论丛

丛书主编
乔洪

U0242113

陈杉

舒宇昂◎著

竹器文化

竹与居：中国古代生活中的

ZHU YU JU:
ZHONGGUO GUDAI
SHENGHUO ZHONG DE ZHUQI WENHUA

中国纺织出版社有限公司

内 容 提 要

本书通过对中国历代文人作品中竹器相关内容的全面梳理，运用"图像—文本"互证的二重论证法，从背景、起源、变迁、功能等多个维度对我国古代竹器进行详尽展示，深入剖析了古代竹器体系形成的背景，探究古代竹器、人、生活三个维度，有力地论证了我国古代生活美学、文人审美文化与造物工艺之间的关联。

通过阅读本书，读者既能从宏观层面建立对中国古代竹器的认知，又能深切领略我国竹文化的传统传承与发展变迁。

图书在版编目（CIP）数据

竹与居 ：中国古代生活中的竹器文化 / 陈杉，舒宇昂著． -- 北京 ： 中国纺织出版社有限公司，2024. 12.
（ "设计"论丛 / 乔洪主编）． -- ISBN 978-7-5229-2402-1

Ⅰ．TS664.2

中国国家版本馆 CIP 数据核字第 20253M4G25 号

责任编辑：华长印　许润田　　责任校对：李泽巾
责任印制：王艳丽

中国纺织出版社有限公司出版发行
地址：北京市朝阳区百子湾东里 A407 号楼　邮政编码：100124
销售电话：010—67004422　传真：010—87155801
http://www.c-textilep.com
中国纺织出版社天猫旗舰店
官方微博 http://weibo.com/2119887771
北京华联印刷有限公司印刷　各地新华书店经销
2024 年 12 月第 1 版第 1 次印刷
开本：710×1000　1/16　印张：12.5
字数：150 千字　定价：98.00 元

序

中国，这片古老而富饶的土地，孕育了源远流长的"竹子文明"。在众多国家中，中国独树一帜，是唯一一个成功发展出全面竹家具体系的国家。竹子作为重要的制作材料，其发展历史可追溯至史前时期，那时，古代中国的先民们就已经掌握了竹器的制作技艺。考古发掘为我们揭示了这一历史：在湖南洪江高庙遗址，我们发现了最早的竹器实物——竹篾垫子。不仅如此，浙江、湖北、江苏等地的新石器时期遗址，也出土了大量的早期竹器实物，如竹制乐器、竹篾编织物以及竹纹陶片等。随着社会的进步和文化的繁荣，人们对生产生活器具的需求不断增加，竹器的种类和数量也随之丰富起来。至两汉时期，已有近百种可靠的生活竹器被广泛使用。无论是作为烹饪工具的竹蒸笼、竹釜、竹炉，还是供人娱乐的竹马、竹制花灯、竹制风筝，或是用于消热避暑的竹席、竹枕、竹扇等，都可以看出，竹子成了人们生活中不可或缺的一部分。

竹之所以受到人们重视，主要源于竹洒脱自然的风貌和素净雅致的韵味，这些特质令人心生向往。竹所展现出的淡泊名利、不谄媚权贵的品格，与古代圣贤所倡导的"非淡泊无以明志，非宁静无以致远"的品德相得益彰。竹所承载的品格、精神与中华民族传统文人雅士的伦理道德观念和审美取向相契合，因此得以自然地融入社会伦理体系。这种理念和品格在中华民族传统文化中产生了深远的影响。宋代文学家苏东坡深刻理解了竹的广泛用途，他明确指出："食用的是竹笋，住宅使用的是竹瓦，出行乘坐的是竹筏，煮饭采用的是竹材，衣物来源于竹皮，书写则使用竹纸，行走时穿着竹鞋。由此可见，竹在人们的日常生活中具有不可或缺的地位。"这一描述生动地展现了岭南地区民众对竹的广泛应用，从衣食住行到日常劳作，都与竹息息相关，凸显了竹在当地民众生活中的重要性。时至今日，我们依然能够看到众多竹制器物，如竹筷、竹席、竹椅、笊篱、斗笠、笤帚、竹篓、竹篮、竹笼、箩筐、背篼、筲箕、竹筛、撮箕、筲箕、簸箕、竹扒、竹梯等，都充分体现了竹制器物的实用性和普及性。

在日常生活中，竹扮演着举足轻重的角色。自古以来，人们巧妙利用竹材制作出各类器物，从而极大地便利了人们的衣食住行用。明代诗人严怡在《曲塘》中描述了南方地区的百姓住宅："土墙茅屋竹篱笆，杨柳风高燕子斜。可是曲塘人好事，家家屋角有桃花。"❶ 从这几句诗中可以看出竹在百姓生活中的重要性，竹可以和篱笆混合搭建圈筑农家小院，也便于饲养一些家禽，使其不易走丢。明代文学家吴承恩在"竹火煎茶寺，菱歌载酒航"❷ 中指出了竹有生火煎茶的作用，竹与茶之间联系紧密。明代张瀚在《松窗梦语》中记载了进入蜀地后看到的自然景象，提到了竹的存在："竹木萧疏，间以青石……入蜀以来仅见。"早在汉代时期，巴蜀地区就是一幅竹林之盛的景象，班固《汉书》"山林竹木蔬食果实之饶"❸ 表明巴蜀地区是物产丰富的代表之一，同时证明其在汉代就有大片的竹林存在，竹是巴蜀重要的自然资源之一。经过数千年的选择与使用，巴蜀地区的人们因当地丰富的竹资源，将竹器融入日常生活，成了不可或缺的重要物品。巴蜀竹器，早在汉时就声名远播。汉代司马迁《史记》

❶ 朱彝尊：《明诗综》，中华书局，2007，第2448页。
❷ 朱彝尊：《明诗综》，中华书局，2007，第2434页。
❸ 班固：《汉书》，颜师古注释，中华书局，1962，第1645页。

中记载："巴蜀亦沃野，地饶、姜、丹沙、石、铜、铁、竹、木之器。"❶西晋郭义恭《广志》："蜀人以竹织履。可判篾编笆为篱笆，断材为柱，为栋，为舟楫，为桶斛，为弓矢，为笥盒杯，为箔席枕几，为笙簧乐器。"后晋刘昫《旧唐书》："兜笼，巴蜀妇人所用。"❷古时的兜笼，其形状虽不得知，但无疑是竹制生活用具，"巴蜀妇人所用"也描述了一个重要的地域特征和风俗概观。巴蜀地区盛产竹子，物尽其用，加上有利可图，即巴蜀地区竹器多有的原因。

　　总之，竹作为一种常见的植物材料，在人们生活中扮演着重要的角色。它不仅可以作为植物种植在居住环境中，还能被加工制成各种器具和载体，如竹篮、竹凳等。不同类型竹器的存在有其特定的形成原因、特点和规律。竹器的存在源于竹本身的特性，其具有的坚韧耐用、轻便灵活、环保可再生等的特点，使竹成为人们喜爱的制作材料。同时，竹器制作工艺经过长期的积累和传承，形成了独特的风格。不同类型的竹器功能性各不相同，如竹篮可以用来盛放蔬菜水果，竹筷可以用来进食，竹凳可以用来坐卧休息。这些竹器通过特定的设计和制作，满足了人们在生活中的各种需求，产生了实际作用。竹器的存在也反映了人类与自然和谐共生的理念。选择竹作为制作材料，不仅源于其丰富的资源和优良的性能，也体现了对自然环境的尊重和热爱。通过使用竹器，人们传承了古老的文化传统，弘扬了环保理念，体现了友好的生活方式。分析人们生活中的各种竹器载体，不仅可以帮助我们更加深入地了解人类与自然的关系，还可以启发我们对环境保护和可持续发展的思考。

---

❶ 司马迁：《史记》，中华书局，2011，第2826页。
❷ 刘昫等：《旧唐书》卷四十五《舆服志》，中华书局，1975，第1957页。

竹与居：
中国古代
生活中的

竹器文化

目录

第一章

道释画中的竹器

第一节 《六尊者像》

《六尊者像》（图1.1）是唐代著名画家卢楞伽的杰作，现今被珍藏于北京故宫博物院，这幅作品在中国佛教艺术史上有着举足轻重的地位。画面内容丰富多彩，寓意深远。卢楞伽以其独特的艺术手法，通过优雅流畅的线条和栩栩如生的人物塑造，表现了浓厚的宗教意味。值得一提的是，《六尊者像》不仅是宗教艺术的瑰宝，还是我国最早描绘竹椅的绘画作品。画中竹椅的设计简约且尺寸宽敞，搭脑和两侧扶手向外延伸，呈现出经典的"四出头官帽椅"风格。竹椅下方配备竹制脚踏，其座面距离地面较远，这一设计特点与明清时期的高脚家具在结构上大致相似。画中竹椅完全以竹为原料，造型典雅大方，特别是椅背设计，巧妙地运用了竹子的自然形态，创造出优美的曲线。

图1.1

图1.1 唐 卢楞伽 《六尊者像》 绢本设色

　　画中描绘了竹椅的整体结构（图1.2），对竹椅下方脚踏部分的构造和连接方式进行了精细入微的展示，凸显了古代工匠对圆竹结构和造型处理等方面的精湛技艺。竹椅中弯曲的竹构件，造型独特，至于其弯曲成因——是自然形成还是人工加工，目前尚无定论。竹椅脚踏部分的四角竹材构造清晰，由一根竹竿弯曲围合而成，这充分表明当时的工匠已熟练掌握竹竿开槽弯曲成形技术。为了维持竹构件的稳定形态，很可能采用了热弯成形工艺。

图1.2 《六尊者像》中的竹椅

　　画中右边的侍从十分引人注目，他手中紧握一把优雅的竹扇（图1.3）。这把竹扇外观圆润，工艺细致入微，充分展现了匠人的高超制作技艺。竹扇通常采用精细的竹篾编织而成，具有大小不一、形态各异的特点，是扇子种类中的古老瑰宝。根据历史文献的详细记载与考古学的深入探索，竹制扇子的起源可追溯至春秋战国时期，其雏形可能为当时流行的便面。便面，是指竹篾扇，其扇面形状主要为矩形和梯形，外形和菜刀相似，作为一种早期在上层社会广泛流行的实用类短柄扇，其历史地位不言而喻。这种独特的扇面形态在众多珍贵的汉画像砖中得以体现，揭示了古代社会的风貌与审美趣味。"便面"一词最

图 1.3 《六尊者像》中的大竹扇

早见于班固所著的《汉书·张敞传》，其中有描述"然敞无威仪，时罢朝会，过走马章台街，使御史驱，自以便面拊马"。师古注："便面，所以障面，盖（车）扇之类也。不欲见人，以此自障面则得其便，故曰便面，亦曰屏面。"❶由此可见，便面与扇子相似，用于遮挡面部。在我国现存的古代文物中，最早的竹扇出土于江西省靖安县李洲坳东周时期的古墓，被誉为"天下第一扇"。其独特之处在于外观的刀形设计，扇面只附于扇柄的一边且由精细的竹篾编织而成。魏晋南北朝时期除了传统的梯形竹扇外，还涌现出了其他形态各异的扇子，如方形和六角形等。这一扇形的多样化并非空穴来风，而是有文献记载可以得到印证。《晋书·王羲之》记载："见一老姥，持六角竹扇卖之。"❷至唐代，制作精美的圆形竹扇更是为后世竹扇的造型奠定了基本范式。唐代诗人张枯的《赋得福州白竹扇子》："金泥小扇谩多情，未胜南工巧织成。藤缕雪光缠柄滑，蔑铺银薄露花轻。清风坐向罗衫起，明月看从玉手生。犹赖早时君不弃，每怜初作合欢名。"❸诗中，作者精心描绘了竹扇制作的巧妙与装饰的华美，展现了其对竹扇的深厚情感。同时，诗人借助想象，描绘出一幅幅使用竹扇的优雅画面，从中可以感受到对这一日常物件所赋予的美好愿景。

❶ 班固：《汉书》卷七十六《张敞传》，颜师古注释，中华书局，1962，第3222页。
❷ 房玄龄：《晋书》卷八十《王羲之》，中华书局，1974，第2100页。
❸ 彭定求：《全唐诗》卷八百八十三《补遗二》，中华书局，1999，第10057页。

第二节 《紫柏大师像轴》

　　王世襄先生认为："罗汉床，由榻演变而来，三面有屏，器型较大。"[1] 榻，作为古代的一种独特坐具，经历了漫长的发展历程。在五代和宋元时期，其形态发生了显著的变化，由小巧精致逐渐演变成能够容纳多人共坐的大型器具。这一转变不仅体现了家具设计的创新，也反映了当时社会生活习惯的变化。这一时期，榻的功能性得到了极大的拓展，从最初的单一坐具逐渐发展为集坐、卧于一体的多功能家具。为了进一步提升榻的舒适性和实用性，人们又在其座面上巧妙地加上了围子，使其演变成人们熟知的罗汉床。

　　在古代，榻和屏风的组合是一种常见的布局方式，二者通常前后排列，既起到了视觉上的遮挡作用，又增添了一定的威仪感。罗汉床的功能与这种组合颇为相似，可以被视为榻与屏风的简化版，主要用于区分空间中的主次关系。罗汉床之所以冠以"罗汉"之名，是因为僧侣对其特别青睐。除禅椅外，罗汉床同样是他们参禅打坐时的首选，或是坐在床榻讨论佛法，因此得名"罗汉"。佛教盛行时期，不仅是僧侣，连世俗之人也常在这类床榻上聚首，共同探讨佛学经典，宋人笔下的《维摩图》（图1.4）便是这一现象的生动写照。图中的维摩居士作为大乘佛教的杰出代表，以安详的神态示人，他手持法器，于床榻上讲授佛法，引人入胜。值得一提的是，维摩居士仅是众多居士中的一个典范，实际上，在宋元时期，这种床榻的使用更为广泛，甚至一些文人墨客也常坐在床榻上，静心修身，默念佛经，体现了当时社会对佛教文化的尊崇与追求。明代文人文震亨在《长物志》中写道："湘竹榻及禅椅皆可坐，冬月以古锦制褥，或设皋比，俱可。"[2] 明代文人高濂在其著作《遵生八笺》中也对罗汉床进行了详细的记载："以斑竹为之，三面有屏，无柱，置之高斋，可足午睡倦息。"[3]

---

[1] 王世襄：《谈几种明代家具的形成》，《收藏家》1996年第4期。
[2] 文震亨，赵菁：《长物志》，金城出版社，2010，第330页。
[3] 高濂：《遵生八笺》，王大淳等整理，人民卫生出版社，2007，第216页。

图1.4 宋 佚名 《维摩图》 绢本设色描金

该描述表现出了罗汉床在当时社会中的形态与功能图景。得益于其卓越的实用性能和促进交流的特点，罗汉床在明清时期广受欢迎，逐渐成为一种流行的家具，并且在此基础上，衍生出了宝座这一新的家具形式。《紫柏大师像轴》（图1.5）描绘了名僧紫柏真可坐于罗汉床上宣讲佛经的场景。画中呈现的罗汉床整体采用斑竹打造而成，三面环绕有开光围挡，座面上铺着猩红色的毡子。这款罗汉床的结构设计别具一格，采用了双横枨加矮老的构造，腿部下方还装饰有管脚枨。尽管画作的视角限制了人们对罗汉床全貌的观察，但仍能体会到其独树一帜的美学韵味。

图1.5　明　陆鸣凤　《紫柏大师像轴》

第三节　《大理国梵像》

　　张胜温是南宋孝宗年间的一位杰出画家，其作品《大理国梵像》[1]（图1.6）为后世留下了深刻的艺术印记。在这幅传世之作中，张胜温以其独特的艺术视角，精妙地描绘了十余尊罗汉，他们各自端坐于与之相得益彰的座椅上。

[1] 由大理国画家张胜温及其弟子为大理国第十八代国王段智兴绘制，成于南宋孝宗淳熙七年（1180年）。

图1.6 南宋 张胜温 《大理国梵像》 纸本设色

　　明代《遵生八笺》中记载："禅椅较之长椅，高大过半，惟水磨者佳，斑竹亦可。其制惟背上枕首横木阔厚，始有受用。"[1]画中的两张竹制禅椅（图1.7），分别为三祖僧璨大师及七祖神会大师所座。它们不仅是张胜温对细节精湛刻画的体现，更展现了宋代竹器制作工艺的高超水平。王世襄先生提出："禅椅，顾名思义与宗教有关，通常较矮，坐面宽大，适合用于盘腿打坐。"[2]明代编纂增补的《鲁班经匠家镜》中曾描述过禅椅的样式："一尺六寸三分高，一尺八寸二分深，一尺九寸五分深（大）。上屏二尺高，两力（扶）手二尺二寸长。柱子方圆一寸三分大。屏，上七寸、下七寸五分，出笋（榫）三寸（分），斗枕头下。盛脚盘子，四寸三分高，一尺六寸长，一尺三寸大，长短大小仿此。"[3]从形态上看，这两张禅椅的设计简约而不简单，优雅且富有韵味。其线条流畅，结构方直，给人以清新脱俗的视觉感受。图1.7（a）中的座椅靠背竹竿，呈现出一种圆弧造型，表现出了超脱尘世的意境，扶手两端微微向上卷曲，仿佛与天地相接，呈现出一种和谐统一的美感。图1.7（b）中的座椅更加方直，直线造型的竹竿显得更加硬朗，给人一种稳重之感，扶手和靠背也使用了竹竿填实，使整个座椅更加稳固耐用。在制作工艺上，两张禅椅将宋代竹器工艺发挥到了极致：各部件之间的连接采用了榫卯结构，这种结构不仅使座椅更加牢固稳定，也表明宋代工匠已经掌握了竹钉的使用和简单的榫卯连接技术。这种技术的运用，不仅提高了竹器的使用寿命，也使竹器在形态上更加美观大方。

　　值得一提的是，竹椅出现在宋代佛教题材作品中的现象并非偶然。宋代是一个宗教信仰自由、文化交流频繁的时代，各种宗教思想在这片土地上交融碰撞。而竹器作为一种传统的手工艺品，自然也与宗教文化产生了某种联系。这种联系不仅体现在竹器的形态设计上，更体现在其文化内涵上。如竹椅简洁、

---

[1] 高濂：《遵生八笺》，王大淳、李继明、戴文娟等整理，人民卫生出版社，2007，第221页。
[2] 王世襄：《〈鲁班经匠家镜〉家具条款初释》，《故宫博物院院刊》1980年第3期。
[3] 午荣：《鲁班经》，易金木译注，华文出版社，2007，第244页。

（a）　　　　　　　　　　　　　　（b）

图1.7 《大理国梵像》中的竹椅

方直、优雅的形态，与佛教所追求的清净、超脱、自在的境界相契合。因此，竹椅在宋代佛教题材作品中的出现，可以看作是一种文化交融的产物，它既是艺术家们对细节的精湛刻画，也是宋代精神文化的一种生动展现。

第四节 《竹林大士出山图》

元代陈鉴如《竹林大士出山图》[1]（图1.8）描绘的是竹林大士修成后，从武林洞出游邻国占城，国王得知后出来迎接的情景。据《安国志略》记载，元代安南国王陈昑40岁时悟佛，舍位出家，入武林洞修行，号竹林大士。此图绘

---

[1] 传此图为元代陈鉴如所绘，中国社会科学院刘中玉研究员曾在《艺术史研究》第二十二辑中刊载的《中越文化视域下的〈竹林大士出山图〉》一文对"出山图"的作者做相应推论，此文认为该卷应是明初交趾人绘制的作品，陈鉴如名款的添加当在余鼎等人题跋之后、项元汴入藏之前，主题所绘竹林大士的故事与史实基本吻合。

图1.8 元 陈鉴如 《竹林大士出山图》 纸本

于至正二十三年（1363年），永乐十八年（1420年）初瀍江学佛者陈光持图到京师，永乐朝翰林侍读学士奉训大夫画储国史监陵曾棨等几位大臣先后在画上题跋。

　　画中山峦起伏、云雾缭绕，营造出了一种超凡脱俗的氛围。竹林大士身处其间，身形伟岸，仪态庄严，神态中透露出慈悲与智慧。画家通过对人物形象的精心刻画，将竹林大士的神韵展现得淋漓尽致，使观者能感受到其内心世界。技法上，此图充分体现了元代绘画的特点：线条流畅而富有变化，刚柔并济，勾勒出山水和人物的轮廓，展现出画家深厚的功力。色彩运用上，淡雅而不失庄重，巧妙地烘托出画面氛围，增强了作品的艺术感染力。

　　图中除了精彩的人物肖像描绘外，还运用了大量竹元素。如竹林大士乘坐的竹架（图1.9）。这一竹架的设计灵感来源于传统的肩舆，但在造型上更加简洁明了。肩舆的称呼在宋代十分普遍。据《宋史·舆服志》记载，宋代达官贵人乘坐的肩舆，"其制正方，饰有黄、黑二等，凸盖无梁，以篾席为障，左右设牖，前施帘，舁以长竿二，名曰竹轿子，亦曰竹舆"[1]，竹舆两侧开有小窗，底部装有两根长竿，便于肩上抬担。图中的竹架以一根大竹竿为主干，辅以帆布，构成了这一实用的抬人工具的基本骨架。尽管我们无法直接通过画作判断

---

[1] 脱脱等：《宋史》卷一百五十《舆服二》，中华书局，1977，第3510页。

这一竹架在实际应用中的便捷性与安全性，但可以肯定的是，它充分展示了古人对竹材的匠心独运和巧妙应用。

图1.9 《竹林大士出山图》中的竹架

这幅画中的竹架不仅增添了画面的自然清新之感，更映射出当时社会对竹制品的广泛认可与深厚喜爱。竹材作为一种天然、可再生且易得的材料，在古时被广泛应用于生活的各个方面，体现了人与自然和谐共生的理念。此外，在画作中还可以看到僧人手持的竹杖。竹杖不仅是僧人行走时的得力助手，更是他修行、悟道过程中的重要象征。在中国传统文化中，竹子常被赋予坚韧、清高、谦逊等多重品质，与僧人的修行境界形成完美呼应。

第五节 《钟馗夜游图》

明代戴进《钟馗夜游图》（图1.10）现藏于故宫博物院，高190厘米，宽120.4厘米，绢本设色。画面描绘了钟馗在众小鬼的拥抬下雪夜巡游的情景。

图1.10　明　戴进 《钟馗夜游图》 绢本设色

钟馗身着官样服靴，坐在乘舆上，目光犀利，有威严震慑之态。六个小鬼面目狰狞，有的撑着伞，有的挑着琴剑等行李，在钟馗的威压下显得恭恭敬敬、诚惶诚恐。四周山石披雪，草木萧瑟，透出阵阵寒意，夜色朦胧中唯有泉声淙淙。戴进运用"钉头鼠尾"描法来绘制人物，线条劲健，顿挫有力。其绘画技法以线描为主，辅以皴染，带有南宋院体风貌，人鬼造型继承了唐人画天王力士鬼怪的传统风格。戴进通过极为写实的手法将神话传说的内容世俗化，赋予了这种本不存在的事物以可信的图形。

钟馗捉鬼的故事自唐玄宗时期广为盛行，后逐渐成为一位广为人知的门神。门神的前身是桃符，古人认为桃木是五木之精，能克百鬼，所以用桃木制作桃人、桃印、桃板、桃符等来辟邪，正如诗云："爆竹声中一岁除，春风送暖入屠苏。千门万户曈曈日，总把新桃换旧符。"在这样的文化背景下，戴进创作了《钟馗夜游图》。画面中，钟馗身材魁梧，昂首阔步，仿佛带着一种无可阻挡的气势。其面部表情刻画细腻，怒目圆睁，透露出对邪恶的威慑。画家巧妙地运用线条和色彩，勾勒出钟馗的服饰，其衣袂飘飘，动感十足，展现出一种灵动的韵律美。

在这幅画中，钟馗所乘坐的轿子由四个小鬼抬着，轿子的造型描绘表现出当时高超的竹制技艺。这一时期的轿子实际上源自肩舆的演进，其诞生可追溯到北宋时期，在南宋时达到了盛行的高峰。《宋史·舆服志》中记载："中兴后，人臣无乘车之制，从祀则以马，常朝则以轿。旧制舆檐有禁。中兴东征西伐，以道路阻险，诏许百官乘轿，王公以下通乘之。"[1]《钟馗夜游图》中，钟馗作为镇鬼辟邪的象征，乘坐轿子夜游，更增添了画面神秘和威严的氛围。"轿椅，顾名思义是在椅子的基础上加入抬杆，通过人力的方式抬起来行走，类似古时的步辇（肩舆）或轿子，成为古人便捷的交通工具。"[2]明代编纂增补的《鲁班经匠家镜》中有关轿椅的描述："宦家明轿椅下一尺五寸高，屏一尺二寸高，深一尺四寸，阔一尺八寸，上圆手一寸三分大，斜七分才圆，轿杠方圆一寸五分大，下踘带轿二尺三寸五分深"。[3]画中的竹轿椅（图1.11）造型方正，为了加强轿椅下部椅腿结构支撑力量，竹轿椅在矩形构件框内加入了圆形支撑和竹竿交叉支撑，椅子下前方还设计了一个搭脚。轿椅使用了两根长竹竿做抬杆，

❶ 脱脱等：《宋史》卷一百五十《舆服二》，中华书局，1977，第3510页。
❷ 申明倩、齐成：《〈红楼梦〉中的竹家具设计研究》，《林产工业》2021年第8期。
❸ 午荣：《鲁班经》，易金木译注，华文出版社，2007，第213页。

图 1.11 《钟馗夜游图》中的竹轿椅

各部件连接处采用篾绳或藤条缠紧固定。轿椅所选用的竹材是湘妃竹。晋代张华在《博物志》中记载："尧之二女，舜之二妃，曰湘夫人，舜崩，二妃啼，以涕挥竹，竹尽斑。"[1] 湘妃竹又称作"斑竹""泪竹"。与宋代《十八学士图》中湘妃竹制作的竹椅相比，这一轿椅在材料使用、构造和制作手法方面基本一致，唯一不同之处在于轿椅中使用了竹竿交叉的支撑结构。

---

[1] 张华：《博物志》，祝鸿杰译，贵州人民出版社，1992，第187页。

第六节 《听琴图》

图1.12 北宋 赵佶 《听琴图》 绢本设色

宋代是文人雅士的黄金时期，也是中国古代绘画的高光时刻。被称为"雅人四好"或"文人四友"的"琴棋书画"，是古代文人所推崇且需掌握的四门艺术，也是文人雅士修身养性的不可缺少之环节，他们常常在其中寄托个人情感、精神追求及审美旨趣[1]。

历代流传以琴为创作灵感的绘画作品屡见不鲜，它们或细腻描绘文人雅士间的深厚情谊，成为友谊的颂歌；或生动展现文人墨客携琴远行的悠然场景，寄托了对超脱尘世的向往。宋徽宗赵佶的《听琴图》（图1.12）犹如一幅穿越时光的画卷，以细腻的笔触和深邃的意境，展现了北宋时期宫廷文化的典雅与精致。此图描绘的是以宋徽宗为中心的官僚贵族雅集听琴的场景。画面中间，抚琴者黄冠缁衣作道士打扮，他微低着头，双手拨弄着琴弦，"道家者流，衣裳楚楚。君子服之，逍遥是与"[2]，身旁立一木几香炉。画面背景中，一株苍劲的松树拔地而起，枝叶犹如盘踞的龙蛇，蜿

---

[1] 宋芳斌：《两宋时期绘画艺术传播研究》，博士学位论文，东南大学艺术学系，2021，第64页。

[2] 见范仲淹《道服赞》，纸本，手卷，纵34.8厘米，横47.9厘米。楷书八行，现藏于故宫博物院。此帖是范仲淹为同年友人"平海书记许兄"所制道服撰写的一篇赞文。

蜓盘旋。松树上，凌霄花如红白相间的宝石般散布其间，与松树共同编织出一幅生机勃勃的画卷。树旁，几株青竹静静伫立，仿佛也在倾听悠扬的琴音。画中聚焦着三位聆听古琴的人，两位身着朝服纱帽的文人分坐两侧，他们目光凝重，神情恭敬，全神贯注地聆听琴声。弹奏古琴者左侧的一位身穿红袍的文士，手持竹扇轻轻搭在膝上，一手支在石墩上，侧首而坐，似乎已经完全沉浸在琴音的世界里，竹扇也为画面增添了一抹别样的风情。竹扇的骨架轻巧而坚韧，扇面平整光滑；右侧的文士身穿绿袍，两手交握藏于袖间，仰头微微向前倾，表情中流露出对音乐的感动和向往。在画中最左侧站有一位童子，同样被美妙的琴声吸引，静静地驻足倾听。画面前方摆放着一座玲珑剔透的山石，上面陈列着一件古色古香的鼎，鼎内插着一束繁复精致的花枝，为这幅画增添了一抹生动和灵动之感。

在这幅传世之作中，竹器的存在并非偶然，而是蕴含着丰富的艺术魅力与深厚的文化内涵，成了画面中不容忽视的重要元素。画面中引人注目的琴桌（图1.13），以竹材精心打造，纹理自然流畅，竹节的分布错落有致，仿佛在诉

图1.13 《听琴图》中的竹桌

说着竹子生长的故事。竹子特有的韧性与弹性赋予了琴桌独特的质感，使其在承载古琴的同时，又能与琴音产生微妙的共鸣。琴桌的线条简洁而优雅，既体现了实用功能，又展现出了工匠高超的工艺水平。其精湛的制作工艺，不仅反映了当时工匠们对竹材特性的深刻理解和娴熟运用，更彰显了宫廷对艺术品质的极致追求。

从艺术表现的角度来看，这些竹器在《听琴图》中起到了不可或缺的作用，以竹自然质朴的质感，与画面中人物的华丽服饰和周围的精致陈设形成了鲜明的对比。这种对比不仅没有产生冲突，反而营造出了一种和谐的视觉平衡，凸显了画面的层次感和丰富性。同时，竹器的存在也为整个画面增添了一份自然之趣，使观者在感受宫廷的奢华与庄重的同时，也能领略到大自然的清新与宁静。

从文化内涵的层面深入探究，竹在中国传统文化中一直具有特殊的象征意义。其象征着坚韧不拔、正直清廉和高风亮节的精神品质，深受文人雅士的喜爱和推崇。在《听琴图》中，竹器的出现，无疑是对这种文化象征的一种巧妙呼应。它们不仅仅是物品，更是一种精神的寄托和文化的表达，反映了宋徽宗时期宫廷文化对高尚品德和高雅情趣的追求。

《听琴图》中的竹器反映了当时社会的审美风尚和工艺水平。北宋时期，文化繁荣，艺术技艺精湛，对竹器的制作和欣赏达到了一个新的高度。这些竹器所展现出的精湛工艺和独特设计，不仅体现了当时工匠们的智慧和创造力，也反映了社会对高品质生活和艺术审美的追求。竹器以其独特的艺术魅力和深厚的文化内涵，成了这幅画作中不可或缺的重要组成部分。它们不仅为人们展示了北宋时期宫廷文化的一个侧面，也为后人研究当时的艺术、文化和社会生活提供了珍贵的视觉资料和思考线索。

《听琴图》的创作也与宋徽宗对道教的崇信密切相关，这幅画也是描绘政和七年（1117年）四月，宋徽宗被册封为"教主道君皇帝"之后的历史时刻，展现了他与朝廷重臣会面、弹琴探讨道教哲学、心灵交流的精彩瞬间。从画中的一些细节也能看出与道教的关联。如抚琴者的道士装扮以及画面中出现的松树、凌霄花、古鼎等元素，都具有一定的道教象征意义。此外，画中以琴声为主题，巧妙地用笔墨刻画出"此时无声胜有声"的音乐意境，也蕴含着中国传统文化中以音乐比况政治的意味。图中徽宗弹琴，臣下专心聆听，君臣一片和谐，意味着帝王的道德之音被臣下接收而遵行，具有一定的政治意蕴。

第七节　《寒江独钓图》

《寒江独钓图》（图1.14）是宋代杰出画家马远的作品，纵26.7厘米、横50.6厘米，现收藏于日本的东京国立博物馆。这幅画描绘了在寒冷的江面上，一位老翁独自垂钓的情景。画面以淡墨寥寥数笔勾勒出老翁的轮廓和扁舟的线条，老翁专注垂钓的身影在扁舟上显得格外醒目，展现出一种质朴而严谨的美感。船旁的水面由淡淡的墨色轻轻晕染开来，几笔便勾勒出了水纹的流动。画面中的留白处占据了绝大部分空间，形成了一种空灵而又开阔的视觉效果。但

图1.14　南宋　马远　《寒江独钓图》　绢本设色

空旷的四周，不仅没有使画面显得单调，反而巧妙地营造出江水浩瀚、寒气逼人的感觉。作者通过独特的艺术表现手法，结合虚实相生的技巧，将观者带入一个既静谧又深远的意境中。

马远是南宋画院待诏，他的画风独特，以简洁有力的构图和刚健爽朗的笔墨著称。其作品多以山水、人物为题材，表现出大自然的美妙和人生的哲理。《寒江独钓图》是他的代表作之一，也是中国绘画史上的经典之作。在艺术的长河中，《寒江独钓图》以其空灵、静谧的画面，引发了无数观者内心深处的共鸣，孤独的钓者、小舟、平静的江面以及微微弯曲的钓竿（图1.15）表现出这种宁静与孤独，并非寂寞的象征，而是道教所追求的"致虚极，守静笃"的一种外在体现。

图1.15 《寒江独钓图》中的竹钓竿

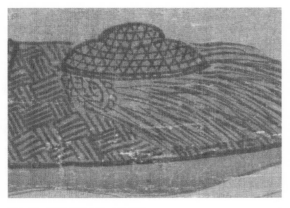

图1.16 《寒江独钓图》中的竹笠

在道教文化中，许多平凡的物件都被赋予了深刻的内涵和象征意义，竹笠（图1.16）便是其中之一。早在春秋时期，《诗经·小雅·无羊》中就有关于"笠"的记载"尔牧来思，何蓑何笠"❶，记录了人们穿戴斗笠的情景。唐代诗人柳宗元在山水诗《江雪》中写道"孤舟蓑笠翁，独钓寒江雪"，诗中的笠用竹篾编成，是过去人们遮阳防雨的必备工具。竹笠不仅具有实用价值，在道教的精神世界里也承载着丰富的寓意。竹笠在道教文化中常被视为一种庇护象征，如同一个小小的屏障，阻挡了外界的尘嚣和干扰，为佩戴者营造出一片宁静的内心空间。这种庇护不仅是物理上的遮风挡雨，更是心灵上的守护，帮助人们抵御世俗的烦恼和欲望的侵蚀，使心灵保持纯净和安宁。

道教追求与自然的和谐统一，主张顺应自然的规律行事。竹作为大自然的产物，其坚韧、挺拔、中空的特性，与道教所提倡的理念相契合。以竹制成的竹笠，也自然而然地成为连接人与自然的纽带。当人们戴上竹笠，仿佛与自然建立了一种亲密的联系，融入天地万物的运行中。竹笠所代表的低调、质朴和不张扬，符合道教对于修行者的要求，它提醒着人们摒弃浮华和虚荣，回归内心的本真，以平和、淡定的心态面对世间的种种变化。

此外，竹笠也与道教中的隐逸思想有关。许多道士选择隐居于山林之中，远离尘世的纷扰。竹笠成为他们隐身于自然的一种标识，象征着他们对宁静、自由生活的向往。在竹笠的遮蔽下，他们可以专注于自身的修炼和对道的探寻。从审美角度来看，竹笠的简洁线条和自然材质展现了一种朴素之美，这种美与道教所倡导的"见素抱朴"的理念相呼应。它不追求华丽的装饰和复杂的工艺，而是以其最本真的形态呈现出一种天然去雕饰的韵味，让人们在简单中领悟到大道至简的哲理。

---

❶《诗经》，王秀梅译注，中华书局，2006，第268页。

第二章

文人雅集图中的竹器

在许多古代绘画作品中，竹器常被用于描绘文人雅士的生活场景。文人墨客赋予了竹高尚的品格，"可使食无肉，不可居无竹"❶ "千磨万击还坚劲，任尔东西南北风"❷ 等名句更是促成竹成为文房用具中最为常用的材料，文人的书房里，竹制的笔筒放置着毛笔，旁边或许还有竹编书箱存放着珍贵的典籍。从简单的竹篮、竹筐到精致的竹扇、竹屏风，都展现出了竹这一材料的独特可塑性和实用性。当这些竹器进入绘画领域，便成了画家们笔下充满生活气息和艺术韵味的描绘对象。

这些竹器不仅为画面增添了一份清雅氛围，更体现了文人对自然材质的喜爱和对简约生活的追求。在一些描绘市井生活的画作中，竹篮里装满了新鲜的蔬果，或是街头小贩手中拿着的竹制量具，都生动地展现了普通百姓生活的琐碎与真实。通过这些竹器，让观者感受到了生活的烟火气息和朴实之美。

"文人雅集"，自古以来便是中国文化中一道独特而璀璨的风景。它不仅是文人墨客们相聚交流、切磋文艺的场所，更是一种文化现象，承载着丰富的历史、文化和艺术内涵。历代文人雅集图，多以绘画的形式，生动地记录和展现了这些精彩的瞬间。

雅集的历史可以追溯到先秦时期，在魏晋时期真正形成规模和传统。以"竹林七贤"为代表的文人雅士，在山林间饮酒赋诗、畅谈玄理，他们的风采被后世传颂不衰。此时的文人雅集，更多体现了对自由精神的追求和对世俗礼教的超脱。

在绘画领域，最早描绘文人雅集的作品可追溯至唐代。画家们以细腻的笔

---

❶ 出自宋代诗人苏轼所作《于潜僧绿筠轩》，全诗为："可使食无肉，不可居无竹。无肉令人瘦，无竹令人俗。人瘦尚可肥，俗士不可医。旁人笑此言，似高还似痴。若对此君仍大嚼，世间那有扬州鹤。"

❷ 出自清代文人郑燮所作《竹石》，全诗为："咬定青山不放松，立根原在破岩中。千磨万击还坚劲，任尔东西南北风。"

触和生动的构图，展现了文人相聚时的欢乐与风雅。这些画作中的人物形象通常神情悠然，姿态各异，或坐而论道，或挥毫泼墨，周围的环境也是清幽雅致，山水相伴，花草繁盛，营造出一种超凡脱俗的氛围。

宋代是文人雅集图作品发展的重要时期。这一时期，社会经济繁荣，文化昌盛，文人的地位得到了极大的提高。在绘画方面，宋徽宗赵佶对绘画艺术有着极高的造诣和热爱，在他的倡导下，文人画得到了长足的发展。此时的文人雅集图，更加注重对人物内心世界的刻画，以及对画面意境的营造。如李公麟的《西园雅集图》，以其精湛的白描技法，将苏轼、黄庭坚、米芾等一众文人形象栩栩如生地展现在画卷上。画中人物或吟诗或作画或抚琴，每个人都沉浸在艺术氛围中，展现出宋代文人高雅的生活情趣和深厚的文化底蕴。

元代，由于社会环境的变化，文人的心态也发生了转变。在文人雅集图中，常常流露出一种隐逸、超脱的情绪。画家们不再热衷于描绘热闹的场景，而是更注重表现文人内心的宁静与淡泊。倪瓒的作品就是典型代表，他以简洁的构图和清幽的笔墨，营造出一种空灵、孤寂的意境，反映了元代文人在乱世中的无奈与坚守。

明清时期，文人雅集图呈现出多样化的发展趋势。一方面，继承了前代的传统，继续描绘文人之间的交流与创作；另一方面，随着市民文化的兴起，雅集图的内容也更加丰富，出现了一些描绘文人与市井百姓共同参与活动的场景。同时，这一时期的绘画技法也更加成熟多样，如工笔、写意、没骨等技法交相辉映，使文人雅集图在艺术表现上达到了新的高度。

总的来说，历代文人雅集图不仅是艺术的瑰宝，更是研究中国古代文化、历史和社会生活的重要资料。它们见证了文人墨客们的才情与风雅，也反映了不同历史时期的社会风貌和文化氛围。这些画作中的每一处细节、每一个人物，都仿佛在诉说着过去的故事，让人们得以领略那个时代的风采和魅力。在当今社会，文人雅集图依然具有重要的价值和意义，激励着艺术创作者传承和弘扬中华优秀传统文化，追求更高层次的精神生活和艺术境界。

第一节 《萧翼赚兰亭图》

《萧翼赚兰亭图》是绘画艺术中的瑰宝，旧题为唐代画家阎立本所创，但因原作已经失传，现存有三本宋代摹本，北宋摹本藏于辽宁省博物馆，南宋摹本藏于台北故宫博物院，还有一本宋代摹本藏于故宫博物院。北宋摹本与南宋摹本都描绘了萧翼与辩才和尚交往的情节，尤其突显了萧翼巧妙取得《兰亭序》的过程。唐太宗对王羲之的书法情有独钟，得知《兰亭序》真迹藏于辩才和尚之手，曾派人重金求购，却未能如愿。于是，唐太宗派遣萧翼出马，试图智取这幅珍贵的书法作品。萧翼运用智慧与策略，与辩才和尚结下了深厚友谊，最终赢得了他的信任，并顺利取得了《兰亭序》。《萧翼赚兰亭图》所展现的正是萧翼与辩才和尚在交往中的一幕。画面上，两人正在品茶论禅，氛围和谐而宁静。值得一提的是，两幅画作在描绘煎茶场景时都表现得极为细腻入微，对茶器的刻画也极尽精致。

在中国台北故宫博物院珍藏的《萧翼赚兰亭图》（图2.1）中，画面左下角精细地刻画了一位头戴纱帽、长须美髯的老者。这位老者正蹲坐在风炉前，手中握有一柄长釜，炉中水正处于沸腾的边缘。看似刚撒入茶末的老者，正准备用竹制夹子搅拌茶汤。旁边，有一位童子恭敬地弯腰站立，双手托着茶托和茶

图2.1　南宋　佚名　《萧翼赚兰亭图》　绢本设色

碗，似乎在等待从锅中舀取茶汤，以便为宾客们奉茶。在炉旁的竹茶几上，整齐地陈列着带托的茶盏、茶碾以及茶罐，这些细节都展示了当时茶文化的丰富内涵。

　　画中的竹茶几、竹椅与辩才和尚所持的竹杖（图2.2）成为引人注目的焦点。竹茶几由圆竹精心编织而成，几面边框为三根细竹围合而成，竹条之间由细竹篾捆扎固定，几面由竹片排列而成，边框之下为横枨，枨间安有矮老，枨两端与腿足相交，茶几整体相当素雅朴素[1]。这张竹桌在中国绘画史上具有重要地位，它是最早被呈现出的竹桌形象。辽宁省博物馆所藏的《萧翼赚兰亭图》（图2.3）在描绘茶事场景和整体的画面布局上，与台北故宫博物院收藏的

图2.2 《萧翼赚兰亭图》中的竹茶几、竹椅和竹杖

图2.3 （传）唐　阎立本　《萧翼赚兰亭图》　绢本设色　辽宁省博物馆藏

[1] 黄齐成：《中国传统竹家具发展略考》，《文物天地》2024年第5期。

同名作品展现出显著的相似性。前者在细节上更为丰富，增加了一些煎茶时使用的器具（图2.4）。

图2.4 《萧翼赚兰亭图》中的竹茶几和茶椅

　　宋代社会的政治教化呈现出一种兼容并蓄、多元共融的显著特征，其核心虽牢牢根植于儒家思想的深厚土壤中，作为官方正统意识形态的基石，却同时以博大的胸怀，包容并蓄了道家哲学与禅宗智慧等多元思想流派。在北宋中后期，禅宗思想在士大夫中颇受追捧，使用的茶器也融入了禅宗元素。画中的僧人背后，戴帽子的侍从坐在竹编坐垫（图2.5）上，即僧人们修禅悟道时常用的坐具。在禅宗哲学的深邃体系中，自然观占据着不可或缺的核心地位，它犹如思想殿堂的坚实基石，支撑着整个理念体系。在此背景下，寺庙中常能见到采用自然原料精心打造的各式器物，它们不仅承载了实用功能，更是禅宗精神的物化体现。那些看似未经雕琢、略显粗犷的竹编坐垫，虽无华丽外表，却以其质朴之美，诠释着禅宗思想中的追求心灵的纯净与自然的和谐共生。竹编坐垫，以其独特的材质与工艺，展现了禅宗对"空"与"无"的深刻理解，以及对"简"与"真"的不懈追求。

　　竹编蒲团以其天然的材质和质朴的工艺，体现了禅宗所倡导的简单、朴素

图2.5 《萧翼赚兰亭图》中的竹编坐垫

和自然的生活理念。竹编蒲团所蕴含的自然之美，也与禅宗对自然的尊重和
欣赏相契合。竹子的坚韧与柔韧，经过精心编织成为蒲团，既实用又具有一种
宁静的美感。此外，竹编蒲团的制作过程也具有一定的启示意义。编织者要做
到专注、耐心和细致，这与禅宗所倡导的修行态度相似。通过编织蒲团，可以
培养内心的专注力和定力。竹作为自然的产物，其制成的蒲团让修行者在修行
时与自然保持着一种亲密的联系，帮助他们更好地融入当下。在禅宗的修行
场所，如寺庙、禅堂中，竹编蒲团常常是修行者打坐冥想时的必备之物。当

修行者坐在蒲团上，身体得以稳定和支撑，心也随之逐渐沉静下来。在这个过程中，蒲团不仅是一个坐具，更成为修行者与内心对话、追求心灵平静的媒介。

第二节 《会昌九老图》

宋代画家李公麟绘制的《会昌九老图》（图2.6），细腻地勾勒了会昌五年之际，白居易携手刘珍、张浑、李元爽等八位文坛耆宿共聚一堂的雅致画面。此次雅集，因参与者皆为年高德劭之士，故有"九老图"之美誉。画作以其细致入微的笔触、精心设计的构图和充满生活气息的场景，展现了古代文人闲适、高雅的生活方式以及他们对自然、对艺术的热爱。画中的几位老者，形象生动，气质各异，他们围坐一起，或是在品茗论道，或是在吟诗作赋，或是在挥毫泼墨，展现出古代文人深厚的文化底蕴和高雅的艺术修养。画中以大片的竹林作为背景，象征着文人墨客们高洁的情操和远离尘嚣的隐逸情怀，屋前的竹制廊架和竹席卷帘等竹制品，更是展现了竹在古人日常生活中的广泛应用。

图2.6 北宋 李公麟 《会昌九老图》 绢本墨笔

绘画中的竹椅以方直造型为主，简洁明了，不失雅致，包含圈椅和靠背椅两种。圈椅之名是因其靠背搭脑与扶手连做，状若"圈"而得来，明代《三才图会》称其为"圆椅"●。圈椅是一种靠背和扶手形成一个圆弧形整体的椅子，为了加强椅面的结构，使用了三根竹竿或竹片进行巧妙地围合，既保证了椅子的坚固耐用，又增添了美感和设计感。圈椅在唐代基本定型，宋代圈椅装饰上承袭唐、五代的风格，搭脑与扶手顺势缓行而下，有的扶手末端再向后反卷，造型已趋于完美。明代《鲁班经》中记载圈椅的形制为"牙轿式"●的轿椅。圈椅的设计匠心独运，椅背形制精妙地融入了与人体脊椎自然曲线相吻合的S形流线设计。这一设计哲学，旨在最大化地贴合人体工学原理，使得椅背与座面之间构成一个科学合理的倾斜角度。当使用者落座于圈椅中，其背部能够自然且舒适地贴合于靠背上，形成了一个广泛而均匀的接触面。这样的设计促进了坐姿的正确性与稳定性，使得背部的韧带与肌肉群在得到良好支撑的同时，得以有效放松与休憩。"所谓靠背椅就是指仅有靠背，无扶手的椅子。"（图2.7）●其

图2.7 《会昌九老图》中的竹椅

● 王圻、王思义：《三才图会》，上海古籍出版社，1988，第1158页。
● 午荣：《鲁班经》，易金木译注，华文出版社，2007，第213页。
● 王世襄：《明式家具研究》，生活·读书·新知三联书店，2008，第35页。

造型多样，有直搭脑靠背椅和曲搭脑靠背椅两种。宋代靠背椅的搭脑多为出头式，向两侧伸出，与宋代官帽的幞头展翅有一定联系，在形式感上也增加了对比性。

宋代常见的椅子还有玫瑰椅、交椅。玫瑰椅，是体型较小的一种扶手椅，靠背较低，且靠背、扶手均垂直。❶宋代玫瑰椅是一种较为常见的竹椅，其特点是造型简洁、线条流畅。玫瑰椅的椅背通常与扶手齐平，整体呈现出一种优雅的姿态。这种椅子在宋代文人雅集中较为常见，体现了宋代文人对雅致生活的追求。交椅是一种可以折叠的椅子，多用竹制。其特点是轻便、灵活。交椅的腿部交叉，可以折叠起来，便于携带和存放。这种椅子在宋代也较为常见，通常用于户外或非正式场合。

宋代竹椅的设计注重人体工程学，强调舒适性和实用性。同时，宋代竹椅的制作工艺也十分精湛，通常采用竹材制作，经过弯曲、拼接、雕刻等工艺处理，具有较高的艺术价值。

第三节 《杏园雅集图》

明代宫廷画家谢环的作品《杏园雅集图》（图2.8），纵37厘米，横401厘

图2.8 明 谢环 《杏园雅集图》 绢本设色

---

❶ 胡德生：《古代的椅和凳》，《故宫博物院院刊》1996年第3期。

米。时至今日，这幅传世佳作以双璧之姿，分别珍藏于镇江博物馆与美国大都会博物馆，共同见证了中华文化的博大精深与不朽魅力。《杏园雅集图》以其独特的群像雅集形式，生动再现了一场跨越时空的文化盛宴。画卷之首，以"杏园雅集"四字题跋点睛，不仅揭示了画作的主题，更引领观者步入一个充满文人士大夫雅致生活的梦幻空间。谢环在构图上匠心独运，巧妙布局，使得画面中的每一位人物都成了不可或缺的一部分。人物或三五成群，或独自沉浸，或悠然品茗，或低语论道，更不乏鉴赏古玩的雅致场景，展现了文人雅集的多彩风貌。而一旁侍立的仆人，或托盘轻步，或静候差遣，其细节之处亦见画家功力之深。

　　谢环在创作《杏园雅集图》时，对题材的甄选、布局的谋划以及风格的锤炼都进行了深思熟虑的艺术加工，旨在塑造一个超越现实、寄托理想的文化艺术世界。画面中，松柏苍翠，竹林清幽，不仅点染出雅集的高雅环境，更寓意着文人的高洁情操。而那些错落有致的文玩珍宝——石屏的沉稳、砚屏的文雅、花瓶的雅致、笔架的错落、香几的清幽、香薰的缥缈，无一不透露着古代文人对生活美学的极致追求与深刻理解。

　　在《杏园雅集图》中，有一把精心雕琢的竹制平齐式扶手椅（图2.9）。这把竹椅不仅体现了明代家具的简约与理性，同时在细节中透露出了对竹材特性

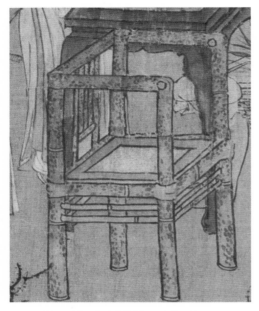

图2.9 《杏园雅集图》中的竹制平齐式扶手椅

的深入洞察。其整体设计方正典雅，线条流畅自然，扶手和靠背巧妙地通过一根长竹竿的切口热弯而成，彰显出竹子柔韧的天性。椅面外围也采用了此种独特的加工工艺，既确保了稳固耐用的特性，又凸显了竹材的天然质朴之美。这把竹椅在装饰上并不繁复，却以简约的风格展现出高雅与品位的内涵。这种设计理念正是明代木制家具所追求的，它强调家具实用性与审美性的和谐统一，而非单纯的炫耀与奢华。

在明代画家的作品中，竹制平齐式扶手椅频繁出现。这些画作所描绘的都是文人雅士的生活场景，进一步证明了竹制平齐式扶手椅在明代深受文人阶层的喜爱。对于文人而言，他们追求的不仅是身体上的舒适，更重要的是符合庄重与优雅的礼仪规范。正如"不敢傲逸其体，常习恭敬之仪"，这意味着即使有时感到轻微的身体不适，他们也会为了维护礼仪和形象而选择忍受。因此，这种既能保持优雅又能符合礼仪的竹椅，自然受到了文人士大夫的热烈追捧。

明代是中国传统家具发展的鼎盛时期，竹椅作为一种常见的家具类型，在明代得到了广泛的应用和发展。明代竹椅的造型通常简洁大方，注重线条的流畅和比例的协调，通常没有过多的装饰，体现了明代家具的简约风格。其制作工艺非常精湛，采用竹材制作，通过弯曲、拼接、雕刻等工艺进行处理，使椅子具有较高的艺术价值。竹椅选用质地坚韧、纹理美观的竹子作为原料，将竹子进行切割、弯曲、钻孔等加工处理，制作出椅子的各个部件，使用传统的榫卯工艺将椅子的部件拼接起来，使其结构稳固。再对竹椅表面进行装饰，运用雕刻、绘画、镶嵌等工艺手法，以增加其美观性。最后对竹椅进行涂漆处理，以保护竹子表面并增加其光泽。竹椅的制作过程中，工匠十分注重细节和品质，体现了明代工匠的高超技艺和审美水平。

第四节 《竹院品古》

《竹院品古》（图2.10）是明代画家仇英笔下的《人物故事图》册中的一幅绝妙之作。该图册包含十幅画，主题涵盖了历史典故、寓言传说、文人轶事以及诗词寓意等丰富元素。其中每一幅都以独特的方式展现了吹箫引凤、贵妃晓妆、捉柳花图、高山流水、竹院品古、松林六逸、子路问津、南华秋水、浔阳琵琶、明妃出塞等题材故事。

《竹院品古》生动地刻画了一群文人雅士在竹林深处的庭院里，细细品鉴古董字画的情景。画中人物被勾勒得栩栩如生，每一个细微的表情都透露出人物内心的丰富情感。其中，文人的动作显得文雅而从容，举手投足间流露出不俗的气质，而仕女们则以端庄秀丽的容貌增添了几分画面的美丽。

周围的建筑与器皿描绘得精致而细腻，每一笔都匠心独运，山石和树木

图2.10 明 仇英 《人物故事图—竹院品古》 绢本设色

也各有特色，形态多变。画家的笔触既细腻精确，又不缺乏灵活与生气，线条之间展现了一种自然流畅而又刚柔并济的美。色彩运用鲜艳而又和谐，既有明亮的基调，又不乏柔和之色，使整个画面洋溢着一种宁静而清新的氛围。

在《竹院品古》中出现了以下几种家具：石桌位于画面右上角，用于放置棋盘和棋罐；与石桌相配的是三个鼓墩，可根据主人的需要而设立摆放。画面中心是平头案，这是两件明时广泛使用的刀牙板夹头榫平头案，用于承置古玩；霸王枨四面平式条桌，桌上放置着一张伶官式琴、提梁卣、兽足奁和羽觞。带束腰大画桌是人物活动承载的主体，桌面微微喷出，矮束腰不甚明显，马蹄较高，断面呈挖缺曲尺形；一件矮小的炕桌半隐于侍女身侧；大画桌一侧是一件藤编的鼓墩。

图中两张兼有玫瑰椅造型特点和禅椅宽大特征的斑竹椅，是宋明两代文人雅集中常见的坐具。其中斑竹椅搭脑与扶手齐平，因此又称平齐式扶手椅或直搭脑扶手椅[1]。这种风格的竹椅受到宋代家具设计的影响，与典型的明式座椅有显著的区别。观察椅背的高度，图片中的竹椅背高仅为官帽椅的一半左右，这样的设计被称作"折背"。唐末李匡乂的《资暇录》（也称《资暇集》）载："近者绳床皆短其倚衡，曰折背样，言高不及背之半，倚必将仰，脊不遑纵。亦由中贵人创意也，盖防至尊赐坐，虽居私第，不敢傲逸其体，常习恭敬之仪。士人家不穷其意，往往取样而制，不亦乖乎。"[2] 常见的明代座椅设计，如圈椅与官帽椅通常具有椅背顶点，即搭脑的位置靠近使用者的肩颈区域。而折背椅，其名称已经暗示了其独特的低矮椅背设计，其中搭脑部位于用户腰部附近。从这种独特设计来看，折背椅可谓是明朝时期另一种经典家具风格——玫瑰椅的早期形态。折背椅选用湘妃竹作为材料，展现出一种更为纤细和朴素的美感。它摒弃了传统家具中常见的装饰性牙头和牙板等元素，从而有效避免了不必要的材料与工艺浪费。椅背扶手与坐垫的垂直连接方式直接继承了宋代的家具风

---

[1] 邵晓峰：《中国宋代家具》，东南大学出版社，2010，第33页。
[2] 李匡乂：《资暇集》下卷，中华书局，1985，第27页。

格，其审美价值不仅可与传统明式家具媲美，甚至在某些方面更显经典与高雅。

　　另一件值得关注的竹器是左侧的坐墩（图2.11）。坐墩，在传统家具的诸多形态中，以其独特之姿脱颖而出。它与普通的座椅截然不同，上下两端微缩，而中部腹部宽阔如鼓，因而被赋予了"鼓凳"的雅称。若其表面覆以精致的织物装饰，便被称作"绣墩"。汉代，坐墩这一家具形式已经崭露头角，起初，它主要由竹藤材质打造而成。随着时间的推移，到了五代时期，这一传统家具得到了进一步的创新与发展，出现了表面蒙有绣套的圆墩。"唐代佛教盛行，坐墩的形象主要受到佛教莲台的影响。经过唐和五代的变化发展，坐墩至宋已成流行式。"[1]随着高坐起居方式的兴起和发展，坐墩在两宋时期成为日常生活中不可或缺的坐具。在当时，无论是在史学典籍的记载或是绘画作品的描绘中，都可以发现大量关于坐墩的细致描述。"明代，坐墩不仅被用在室内，反而更经常被置于室外。"[2]

图2.11　《人物故事图—竹院品古》中的竹椅和竹制坐墩

❶ 陈于书：《家具史》，中国轻工业出版社，2009，第149页。
❷ 王世襄：《明式家具研究》，生活・读书・新知三联书店，2008，第32页。

第五节 《文会图》

《文会图》（图2.12）是宋代文人雅集绘画的典型代表作品。文会是指文人雅士饮酒赋诗、互相研讨学问的集会，据《宋史》记载："凡幸苑囿、池籞，

图2.12 北宋 赵佶 《文会图》绢本设色

观稼、畋猎，所至设宴，惟从官预，谓之曲宴。"❶可见当时的曲宴没有组织，随性而行。整幅画以全景方式展示了宋徽宗在庭院中宴请文士大臣的场景。庭院四周环抱着曲池，围栏间种植着葱翠的杨柳和雅致的竹子，假山石墩也显得独具特色。画面中间是两棵巨大的杨树和柳树，它们掩映着庭院的景色，在画面的一角有翠竹依傍，柳树随风轻拂。紧邻栏杆侧边矗立着一块石制几案，上面陈列着一把瑶琴、数张琴谱以及一个香气袅袅的香炉。从琴囊敞开的姿态来看，似乎有人刚刚奏响过悠扬的旋律。这幅画的主体分为三组，共有二十位人物。其中一组由两位文士构成，他们站在杨树和竹子后，彼此交谈；另一组中有十三人围坐于杨柳荫下的漆黑巨榻旁；最后一组是五位仆人，在画面下方正忙着准备茶水。坐在黑漆巨榻旁的文士各具风采，或评点诗文，或举杯畅饮，或沉思独享，神态各异；右下角一位绿袍文士正离开座位，低头凝视手中的书卷；右上角的文士正弯着身子望向画面左侧，似乎被什么所吸引。忙碌的三位侍者在巨榻旁边来去匆匆，不停地摆放杯盘。巨榻上摆有六瓶鲜花，八盘时令水果，十双筷子与十套茶盏茶托（包括侍者正在端上的），还有若干美味佳肴与酒樽点缀其间。

　　显而易见，宴席座位的下半部分已整齐地布置好各式餐具，而上半部分则略显稀疏，仍有侍者手持茶盏，添置其中。从画面下方的侍者还在备茶的情景来看，可以推断该画描绘的是宴会即将开始前的场景，文士们已经就座，而侍者还在准备茶水和摆设用具。

　　画中的茶床下方配备一个竹制茶焙（图2.13），其结构分为上下两部分。上半部分是设计有提手的竹编盖子，下半部分则是专门用于放置茶叶和炭火的木质容器。在泡茶之前，将茶叶置于茶焙内进行烘烤，这一步骤能够增强茶叶的香气，改善其口感。同时，烘烤后的茶叶更为干燥，便于研磨成细腻的茶末。《茶具图赞》中提到的茶焙叫作韦鸿胪（苇烘炉），从名字就可以看出茶

---

❶ 脱脱等：《宋史》卷一百一十三《礼十六》，中华书局，1977，第2691页。

图2.13 《文会图》中的竹制茶焙

焙实际上是由竹子制成的烘炉。蔡襄《茶录》中提到茶焙："茶焙，编竹为之，裹以箬叶，盖其上，以收火也。隔其中，以有容也。纳火其下，去茶尺许，常温温然，所以养茶色香味也。"❶《茶经》中也提到了焙这种茶具："焙，凿地深二尺，阔二尺五寸，长一丈。上作短墙，高二尺，泥之。"❷

使用竹编茶焙盖有两个主要原因，首先竹编茶焙的透气性极佳，极大促进了烘烤过程中湿气的排出；其次，宋代文人偏爱自然材质制成的器物，所以由竹和木打造的茶焙恰好迎合了其独特的审美品位。

点茶艺术中有一个至关重要的环节——击拂，其操作步骤的核心在于运用一种专门设计的工具——茶筅。这种工具大多由竹子制成，其一端被精心切割成细小的竹篾，再用纤细的线材将这些竹篾紧密地捆绑在一起，最终塑造成一个喇叭口的形态。在实际操作中，古人会将这种特制的茶筅浸入沸腾的水中，用它不停地搅拌正在泡制的茶汤。这样的搅拌动作能够激发出茶汤中的丰富而细腻的泡沫，正是这一系列操作构成了击拂的过程。

在点茶的传统技艺中，完成击拂过程的主要有两种工具：茶匙和茶筅。追

---

❶ 蔡襄：《茶录（外十种）》，唐晓云点校，上海书店出版社，2015，第13页。
❷ 陆羽：《茶经译注（外三种）》，宋一明译注，上海古籍出版社，2017，第12页。

溯到北宋初期，人们普遍采用的是由金属打造的勺状茶匙来搅动茶汤。随着时间的流逝和茶艺的发展，茶筅逐渐取代了茶匙的地位，成了击拂步骤中的首选工具。据蔡襄《茶录》载："茶匙要重，击拂有力。黄金为上，人间以银、铁为之。竹者轻，建茶不取。"❶蔡襄特别强调茶匙的重量与质地对茶艺的影响。他认为，一个厚重的茶匙在注汤击拂时，能够更加有力地驾驭茶叶的翻滚程度，从而更好地释放茶叶的香气与韵味。在材质的选择上，蔡襄更是推崇以黄金制成的茶匙为首选，其不仅具备优雅华贵的外观，更能以其独特的质感与重量，为品茗者带来更为纯粹的茶艺体验。

从《文会图》中可以清晰地看到一位侍者正用茶匙从茶罐中舀取茶叶。原本，茶匙主要是作为量取茶叶的工具。随着时间的推移，人们又赋予了它新的功能——击拂茶汤。北宋中期，茶筅取代了茶匙，《大观茶论》中记载了竹制茶筅的选择和制作："茶筅以箸竹老者为之，身欲厚重，筅欲疏劲，本欲壮而末必眇，当如剑脊之状。盖身厚重，则操之有力而易于运用。筅疏劲如剑脊，则击拂虽过而浮沫不生。"❷可知制作茶筅的材质以老竹为佳，其根部粗实厚重，而刷部则由剖开的细密竹条构成，形状上分为平行分须和圆形分须两类。这种细长的竹制结构不仅延续了传统茶匙搅拌茶汤的功能，还能对茶汤表层的水纹进行精细的梳理。当配合汤瓶中的沸水使用时，效果更为显著，甚至能够调制出近似现代花式咖啡"拉花"技艺般的视觉效果。

第六节　《白莲社图》

北宋时期张激绘制的《白莲社图》（图2.14）以水墨人物故事图为特色，采用了由李公麟首创的精细白描技法。通过横向构图和长卷形式的连环画叙述了高僧惠远在庐山虎溪东林寺与十八位贤士结成社团的历史情景。因寺庙内有

❶ 蔡襄：《茶录（外十种）》，唐晓云点校，上海书店出版社，2015，第15页。
❷ 赵佶：《大观茶论》，日月洲注，九州出版社，2018，第171页。

图2.14　北宋　张激　《白莲社图》　纸本水墨

一池塘生长着白色的莲花，这一结社便以花为名，被命名为"白莲社"。

　　《白莲社图》分为三个情节，分别是"经筵会讲""金像赞佛""笺经校义"。在"金像赞佛"的左侧，精细地描绘了一场雅致的茶事活动（图2.15），展示了以煎茶为主题的场景。画面精心刻画了三位侍者正在忙碌地准备茶事，其中一位侍者站立于炉子的右侧，左手稳稳地扶着一把长柄釜（称作"茶铫"），右手拿着长筷，在锅中细心搅拌着茶汤；另一位侍者跪坐于地，手持一根空心棍，正用它向着莲花形状的风炉吹气，以助火势；在他身后，有一位戴着帽子的侍者端着茶盘，茶盏摆放得井然有序。

　　煎茶场景中，侍者身后的石台上陈列着一件由竹节精心制作的茶盒（图2.16），专门用于储存已经过罗筛的细腻茶末。根据《茶经》记载，茶盒一般由竹节制作而成，或者用杉树片弯成圆形，再施以油漆，用来取茶末的量具"则"也放在茶盒中。

图2.15 《白莲社图》中的茶事场景

图2.16 《白莲社图》中的茶盒

第七节 《临韩熙载夜宴图》

《韩熙载夜宴图》生动地再现了南唐大臣韩熙载夜宴宾客的历史场景，细致地描绘了宴会上弹丝吹竹、清歌艳舞、主客揉杂，调笑欢乐的热闹场面，其深远的艺术影响力使后世对其不断进行摹绘，明清时期尤甚。本部分是明代唐寅所临之作，在忠实原作的基础上又有所创新，堪称临本中的上乘之作。

在唐寅的《临韩熙载夜宴图》（图2.17）中，一件尤为引人注目的家具是由斑竹制成的架子床，它巧妙地安放在屏风后，区分了榻与床的功能差异，彰显了床作为私密休憩空间的独特地位。这张竹制架子床的设计简约而不失雅致，顶部未设繁复的楣板，而是以明黄色的织物覆盖，既有实用价值又增添了一抹亮色。四角的立柱稳固地支撑着床身，外挂的帐幔随风轻拂，增添了一份雅致与神秘。床的柱间横帐上巧妙地嵌入了矮老和牙头，与几块绦环板巧妙地拼合成围挡，既保证了床体的稳固性，又丰富了视觉层次。床的下半部分设计

图2.17　明　唐寅　《临韩熙载夜宴图》（局部）　绢本设色

得简洁大方，没有多余的束腰装饰，腿足中部设有直帐，底部则安装了管脚帐，并饰以精美的绦环板及如意开光，显得既实用又美观。值得一提的是，竹制架子床往往不会采用过于繁复的雕刻工艺，这反而使其显得高挑轻盈，毫无臃肿之感。这种简约而不简单的设计理念，使其在众多家具中脱颖而出，显得尤为清雅脱俗。古人深谙此道，他们常常将织物与竹器巧妙地结合在一起，使两者相互映衬、相得益彰，而画中这张挂有帷幔的竹制架子床，便是这一理念的最佳诠释。

第三章　古代文人生活与竹器

竹以其坚韧的质地、清新的色泽和高洁的气质，自古以来便深受中国古代士大夫阶层的喜爱。最早将竹赋予人格品性，将其纳入社会伦理范畴的是《礼记》："其在人也，如竹箭之有筠也，如松柏之有心也。二者居天下之大端矣，故贯四时而不改柯易叶。"❶ 其中将人的道德坚守比拟为"竹箭之有筠"，这种比喻不仅富有文化内涵，在文人士大夫的笔下更是成了表达隐逸情怀和心灵自由的独特方式。"竹箭之有筠"，这里的"筠"指的是竹子的外皮，它坚韧而富有弹性，既能保护竹子的内部，又能抵御外界的侵扰。正如人的道德坚守，它同样需要一种坚韧的外衣，即"气节"，指在面对压力和挑战时，仍保持内心清明、坚守原则的力量。"气节"作为道德的重要组成部分，与竹节有着异曲同工之妙。竹节是其生长过程中的自然痕迹，它代表着竹子的坚韧与成长。在古代文人士大夫的笔下，这种比拟被赋予了更深层次的意义。他们通过描绘竹子的坚韧和节操，来表达自己对于隐逸生活的向往和对内心自由的追求。在他们看来，道德坚守就像竹子的"筠"和"节"，是他们保持内心清明、坚守原则的重要支撑。由竹制成的各类器具，在日常生活中也发挥着实用功能，更成了古代士大夫们表达个人情趣、彰显文化素养的重要载体。

在古代士大夫的书房中，竹制笔筒常伴左右，其制作工艺精湛，或雕刻精美图案，或保留竹子天然纹理，既实用又具观赏性，承载着文人挥毫泼墨时的激情与灵感。竹制的笔架，以其优雅的造型，为毛笔提供了安身之所，展现出士大夫对书写工具的珍视；竹编书箱，是士大夫们存放珍贵典籍和书画作品的重要载体，其编织精巧，坚固耐用，且具有良好的透气性，能保护书籍免受潮湿和虫蛀；竹制书签，轻巧别致，夹于书页间，既是阅读的标记，又增添了几分文雅之气。在饮食方面，士大夫阶层也常使用竹器：竹筷，作为用餐的必备

---

❶ 戴圣：《礼记》，胡平生、张萌译注，中华书局，2017，第442页。

之物，其简洁的形态和天然的材质，体现了士大夫对质朴生活的追求；竹制的食盒，便于携带食物，在郊游或访友时，常用来盛放精致的点心和佳肴，尽显优雅格调。在休憩时，士大夫们会依靠竹制的躺椅，享受片刻的宁静与闲适，竹椅的制作注重人体工学，舒适而美观；竹席则在夏日为他们带来清凉，其编织细密，触感凉爽，是消暑的佳品。此外，士大夫们还会用竹制的花瓶来插花，以增添室内的生机与美感。竹制的香炉，在袅袅青烟中，散发着淡雅的香气，营造出宁静祥和的氛围。

古代士大夫阶层所使用的竹器，不仅是生活用品，更是一种文化符号。它们被画家巧妙绘制在历代绘画中，体现了士大夫对自然的崇尚、对高雅情趣的追求以及对品质生活的考究。这些竹器所蕴含的文化内涵和精神价值，至今仍被后人所敬仰和传承。

第一节 《十八学士图》

《资治通鉴·唐纪五》中记载："唐武德四年（621年）冬，十月，以世民为天策上将，领司徒、陕东道大行台尚书令，增邑二万户，仍开天策府，置官属。以齐王元吉为司空。世民以海内浸平，乃开馆于宫西，延四方文学之士，出教以王府属杜如晦、记室房玄龄、虞世南、文学褚亮、姚思廉、主簿李玄道、参军蔡允恭、薛元敬、颜相时、咨议典签苏勖、天策府从事中郎于志宇、军咨祭酒苏世长、记室薛收、仓曹李守素、国子助教陆德明、孔颖达、信都盖文达、宋州总管府户曹许敬宗，并以本官兼文学馆学士，分为三番，更日直宿，供给珍膳，恩礼优厚。世民朝谒公事之暇，辄至馆中，引诸学士讨论文籍，或夜分乃寝。又使库直阎立本图像，褚亮为赞，号十八学士。士大夫得预其选者，时人谓之'登瀛洲'。"[1] 由此便是"十八学士"这一绘画题材的由来。

---

[1] 司马光：《资治通鉴》卷一百八十九《唐纪五》，改革出版社，1993，第3963页。

　　"十八学士"题材自唐代发源以来，初期主要是以功臣画像的形态呈现。每位功臣的肖像旁均细致标注其姓名和官位，并辅以赞词，旨在通过图像和文字的结合，强化其教化功能，传递历史与道德的价值。当这一题材进入宋代，它经历了显著的转变和拓展。画家们在原有故事与形式的基础上进行了巧妙的创新，将"十八学士"这一主题塑造为更具叙事性和场景多样性的人物画。

　　在"十八学士"题材的众多版本中，藏于中国台北故宫博物院的宋代佚名所作《十八学士图》（图3.1）无疑是一颗璀璨的明珠。这幅画作以精湛的绘画技巧、生动的人物形象和细腻的笔触，展现了一幅生动而富有生活气息的场景。画面中的十八位学士，有的低头沉思，有的挥毫泼墨，有的举杯畅谈，他们的形象栩栩如生，仿佛就在我们身边。除了这些生动的人物形象外，画中的家具细节也同样引人瞩目，如画中的竹椅与竹栏杆（图3.2）。这些看似微不足道的细节，实则蕴含着丰富的文化内涵和人文气息。竹椅的轻盈与

图3.1　宋　佚名《十八学士图》绢本设色

雅致，不仅展示了当时文人的审美品位，更体现了他们追求自然、崇尚简约的生活态度。而竹栏杆的运用，则巧妙地将画面划分为不同的空间，使整个画面既有层次感又不失整体感。

图3.2 《十八学士图》中的竹椅和竹栏杆

　　唐代，竹椅已逐渐流行，至宋代，其设计与制作更是达到了巅峰。《十八学士图》中的这把竹椅尤为引人注目，其结构工艺繁复且细腻，腿部设计独树一帜，采用了圆形加固结构，不仅增强了稳固性，更增添了几分造型上的美感。更令人称道的是，椅子的脚部直接取材于竹根，这种对原材料的巧妙运用，充分展现了设计者与制作者的匠心独运。除竹椅外，画中的竹围栏杆亦是一大亮点，它由湘妃竹的带根竹简与细竹竿巧妙组合而成，既突显了竹材本身的肌理美感，又彰显了其自然之韵。栏杆设计简约而雅致，与周边环境浑然一体，营造出一种宁静和谐的氛围。这种氛围与画中学士们专心致志的学习状态相互呼应，进一步彰显了文人的风雅情愫。《十八学士图》中的竹椅与竹栏杆不仅是画中的家具元素，更是承载着深厚文化内涵的艺术符号。

　　南宋画家刘松年的《十八学士图》（图3.3），目前珍藏于台北故宫博物院。

画面中精心描绘了六个案几，特别是从右侧数的第三个案几及其周围环境，生动地展现了当时的茶事场景。在这一案几上，一位文人正用茶笼击沸着茶汤，而旁边的侍者正提着汤瓶向大茶盏中注水。画中还巧妙地展示了若干竹器，如文人身后的石案上放置了一个竹制都篮（图3.4）。

图3.3　南宋　刘松年　《十八学士图》　绢本设色

图3.4　《十八学士图》中的竹制都篮

　　唐代《茶经》中提到都篮："以竹篾内作三角方眼，外以双篾阔者经之，以单篾纤者缚之，递压双经，作方眼，使玲珑。"[1] 从中可以看出都篮比普通的篮子样式更好看。明代顾元庆《茶谱》中对都篮做出了解释："茶具六事，分

---

[1] 陆羽：《茶经译注（外三种）》，宋一明译注，上海古籍出版社，2017，第31页。

封悉贮于此，侍从苦节君于泉石山斋亭馆间。执事者故以行省名之。按：《茶经》有一源、二具、三造、四器、五煮、六饮、七事、八出、九略、十图之说，夫器虽居四，不可以不备，阙之则九者皆荒而茶废矣，得是，以管摄众。器固无一阙，况兼以惠麓之泉，阳羡之茶，乌乎废哉。陆鸿渐所谓都篮者，此其是与款识。以湘筠编制，因见图谱，故不暇论。"❶文中所提到的"苦节君行省"就是都篮（图3.5）。《茶谱》中还出现了类似的小型都篮（图3.6），用于收纳竹扇、竹架等煮水饮茶时所用的十六种小型茶具，称为器局。

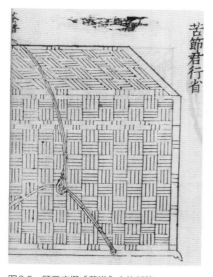

图3.5 顾元庆撰《茶谱》中的都篮

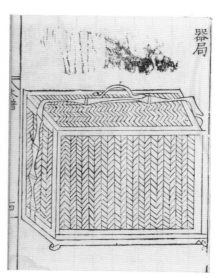

图3.6 顾元庆撰《茶谱》中的小型都篮

刘松年绘制的另一幅《十八学士图》（图3.7）出现了笙、笛子和箫这三种以竹子制作的乐器（图3.8），以及一个设计独特的小竹柜（图3.8）。从图中可以看出，这个小竹柜可能是用于存放食物的，其特色在于两侧各有一个圆形的孔，这种设计可能是出于方便移动竹柜的考虑。竹柜的线条简约流畅，主要以直线型为主。

---

❶ 朱自振、沈冬梅：《中国古代茶书集成》，上海文化出版社，2010，第188页。

图3.7 南宋 刘松年 《十八学士图》❶ 绢本设色

图3.8 《十八学士图》中的竹制乐器和竹柜

第二节 《扶醉图》和《竹榻憩睡图》

　　河南信阳出土的漆竹木床，以纵横穿插结构组成，并设计有床栅栏，配有竹席、空心枕、竹编抽屉等，是早期竹床制作的宝贵实物证据之一。这件床的部分构件采用了竹材，表明当时人们已开始尝试将竹子用于家具制作。然而，

---

❶《十八学士图》是由南宋著名山水画家刘松年所绘，画面中描绘了十八学士群聚于园林的雅集之乐，表现了琴、棋、书、画、品茶、饮酒、作诗、绘画等文人活动以及屏、案、几、榻、架、瓶、罐、鼎、炉、杯等器物陈设，其选用和摆放、园内建筑物上精美的装饰纹样与文人活动共同营造出了一种和谐、均衡、舒适的意境空间。

关于竹床的历史资料在此后的一段时间内相对稀缺，导致我们对竹床的发展历程了解甚少。幸运的是，元代的两幅绘画作品为我们揭示了竹床在历史上的重要地位。这两幅画中的竹床，表明中国至少在元代时期就已经拥有全竹结构的竹床。在《扶醉图》（图3.9）和《竹榻憩睡图》（图3.10）中，两件竹床均采

图3.9 元 钱选 《扶醉图》 绢本设色

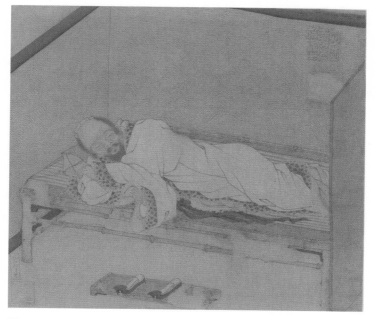

图3.10 元 佚名 《竹榻憩睡图》（局部） 绢本设色

用了湘妃竹作为材料，但在造型设计和制作工艺上呈现出一定的差异，这反映出元代竹筌蹄床设计的多样性和当时工匠对制作工艺的不断探索。这些竹床不仅凸显了竹材的韧性和耐久性，更展示了制竹工匠的高超技艺。

在《扶醉图》中所展示的竹床（图3.11），其设计颇具巧思。双层竹竿构成了床架和床腿，床面上铺满了竹片，床沿还饰有一圈精致的方形结构。这种竹床接近全竹构造，其造型结构颇具创意。床腿与床架结合部位的造型结构过度细腻，以及45°斜口的拼合方式造型，都充分展现了竹工艺在细节处理上的卓越技艺。

图3.11 《扶醉图》中的竹床

《竹榻憩睡图》中的全竹结构竹床，不仅是承载着实用功能的家具，更是中国传统工艺和审美观念的杰出代表。这张竹床（图3.12）以竹子作为唯一材料，床面由众多小竹片精密排列而成，既保留了竹子的天然质朴之美，又赋予了床面柔和舒适的触感。竹床的设计匠心独具，由一大一小两件竹器和谐组成，一件作为主床，另一件作为脚踏。这种巧妙的结构不仅实用性强，更体现了中国传统对称美学的精髓。通过精心的设计，主床与脚踏相互呼应，营造出一种和谐统一的美感。

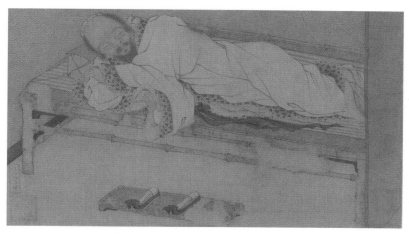

图3.12 《竹榻憩睡图》中的竹床

　　画面中竹床的竹节部位被刻意突显，使整件作品更加贴近自然，生动传神。这种对细节的精细刻画，不仅增强了画面的层次感，也让观者能够更深刻地领略到竹床所散发出的独特魅力。值得一提的是，《竹榻憩睡图》中的竹床造型，历经千年仍为人们所喜爱。这种传统的竹床形式在中国南方的一些地区仍然广泛存在，成为当地居民日常生活的一部分。

　　竹床通常采用榫卯结构这一古老的连接方式，这种连接方式既坚固耐用，又展现了竹床的素雅之美。竹床的榫卯结构通常采用穿榫、插榫、燕尾榫、抱肩榫、卡榫几种方式。穿榫是一种基本的榫卯结构，用于连接竹床的主要部件，如床框和床腿，其主要是在竹材上开凿出榫眼，将另一部分竹材的榫头插入其中，形成牢固的连接。插榫结构常用于连接床板和床框，即将床板的一端插入床框的榫眼中，使其紧密结合。燕尾榫是一种较为复杂的榫卯结构，它的形状类似燕尾，可以增强连接处的稳定性和耐用性，常用于竹床的关键部位，如床腿和床框的连接处。抱肩榫是将床腿和床框进行连接的一种结构，其特点是在床腿的上端和床框的侧面分别开出榫头和榫眼，将它们相互嵌套，形成一个坚固的连接。卡榫结构简单，用于固定竹床的一些附属部件，如护栏、床尾板等，其通常是在竹材上开出卡槽，并将附属部件的榫头插入其中，使其固定。这些榫卯结构不仅使竹床具有良好的稳定性和耐用性，还体现了中国传统家具工艺的精湛技艺。

第三节 《消夏图》

《消夏图》（图 3.13）目前珍藏于纳尔逊·阿特金斯艺术博物馆。此作品曾一度被认为是南宋画家刘松年的手笔，直至吴湖帆在画幅左侧的竹叶丛中发现了微小的"毋道"二字，据此将创作者重新认定为元代的刘贯道。《消夏图》共分为三个画面，采用了"重屏"方式，将三幅主题不同、情景各异的画面绝妙地连结在一起，使画面具有纵深感并极具欣赏趣味。

图 3.13 元 刘贯道 《消夏图》 绢本设色

第一部分描绘的是在静谧的庭院中，芭蕉、竹子和梧桐树交织成一幅幽深宜人的画卷。画面左侧，一张古榻静静地摆放，一人悠然倚卧其上。他头戴乌纱，身着野服，半袒的上身和赤脚盘腿的姿态透露出一种不羁与随性。左手捻着一卷轴，右手持拂尘，身后靠着一个隐囊，隐囊后斜靠着一把阮咸，似乎在诉说着他的闲适与雅致。其人体态瘦小，但胡须却飞扬跋扈，双眼微张之间透露出一丝思索的光芒，眉头微皱，嘴唇紧闭，仿佛正在沉思着什么重大的事情。榻左侧的方案上，摆放着茶具、砚台、书籍等物品，还有插着灵芝的瓶子和挂着铜钟的乐架，这些物品无一不显露出主人的品位和修养。方案前的矮几上，一个冰盘中摆放着几颗新鲜诱人的水果，为这静谧的庭院增添了一抹生机。画面右侧，两位侍女款款而来，她们或执扇轻摇，或捧着袄子，似乎在为主人送上一份清凉。她们的出现，打破了庭院的静谧，却增添了一份生活气息。榻后的画屏上，似乎还描绘了更为神秘和深远的第二部分内容：画屏右侧精心绘制了一张榻，有一位身着道服、头戴葛巾之人安静地坐于其上，双眼微闭仿佛正在沉思。榻的左侧是一张整齐的书案，上面摆放着笔架和砚台，几本书籍散落一旁，还有一个投壶静静地立在那里；榻的右侧站立着一个童子，手持博山炉，另一侧矮几上放着一个盆；画屏左侧是一张方桌，桌上摆放着茶具等物品，桌前有一个莲花状风炉，旁边还有两个童子，一个在煎茶，另一个站在桌旁准备。画屏后方，巧妙地放置着另一幅山水画屏，其中精心勾勒出左侧宽阔的水域与遥相呼应的远山，右侧则是层峦叠嶂、气势磅礴的山景。画面最前方，一座古朴的栈桥横跨水面，仿佛是通往隐于群山深处的古老建筑的路径，这正是这幅作品所描绘的第三部分内容。

《消夏图》中的器物可以分成两部分，一部分是实景，即画面之前景；另一部分是虚景，即图画之背景，也就是屏风画中的景物。实景里的器物有卧榻、方案、荷叶盖罐、汤瓶、盏托、辟雍砚、竹书帙、书卷、长颈瓶、乐器架、四足小几、盘具等。虚景中的器物有山水屏风、卧榻、书案、文房用具等。

实景里描绘了一把长柄竹扇（图3.14），这把竹扇与早期的竹扇相比并无太大不同。明代《遵生八笺·起居安乐笺》中有对竹扇的叙述，作者称为道扇："近日新安置扇，其竹篾如纸，编织细密，制度精佳。但不宜漆，轻便可携，何扇胜此？" [1] 高濂对竹扇的钟爱之情溢于言表，这种扇子不仅工艺卓越，而且轻巧便携，极具实用性。其扇面采用竹篾精心编织，质地细腻如纸，触感轻柔，无论是从艺术价值还是实用价值来看，都堪称一件无可挑剔的工艺品。

---

[1] 高濂：《遵生八笺》，王大淳等整理，人民卫生出版社，2007，第231页。

图3.14 《消夏图》中的竹扇

这幅画中所绘制的竹扇是元代绘画中比较清晰、精致的作品。长柄竹扇展示了元代对唐宋时期竹扇文化的延续和认同。

关于《消夏图》的主题，有学者认为是表现佛、道互补思想，并以隐逸手法表现归隐主题。也有学者认为，画中的超逸之士是"竹林七贤"之一的阮咸，此图应为刘贯道的《七贤图》其中一段。总体来说，在古代，竹与隐逸主题之间存在着密切的联系。

竹作为一种常见的植物，具有许多与隐逸生活相契合的特点，因此成了隐逸文化的重要象征之一。第一，竹的形态和生长环境与隐逸之士的精神追求相契合。竹子通常生长在幽静的山林中，形态挺拔秀丽，给人一种清雅脱俗的感觉。隐逸者追求的是远离尘世的喧嚣和纷扰，回归自然的宁静与纯真，而竹的形象正好符合他们的审美情趣。第二，竹的品质和特性也与隐逸的价值观相呼应，竹子具有坚韧、耐寒、虚心等品质，这些品质被视为隐逸者所崇尚的美德。隐逸者通常强调内心的坚韧和自我修养，追求精神的自由和独立，而竹的品质正好象征了他们的追求。第三，竹在古代文化中还与文人雅士的生活方式密切相关。文人雅士常常以竹为伴，在竹林中吟诗作画、抚琴弄弦，享受自由自在的生活。竹的形象也经常出现在文人的诗词、绘画和书法作品中，成为表达隐逸情怀的重要符号。

第四节 《米襄阳洗砚图》

米襄阳，即米芾，是北宋时期杰出的书法家、画家，位列宋四家之一，其艺术成就备受后世赞誉。《米襄阳洗砚图》（图3.15）以精巧的竹榻、古朴的湖石以及别致的盆景为元素，巧妙地勾勒出一幅充满文人雅趣的生活画卷。右侧一侍童正专心致志地烹煮香茗，茶香四溢，为画面增添了几分生活气息。画面下方的另一侍童正忙着洗砚，准备书写或绘画，这一细节不仅丰富了画面的内容，也进一步凸显了米芾作为文人墨客的身份。

榻，指狭长而较矮的床形坐卧具。榻在早期指的是古人的坐具，东汉刘熙在《释名》中记载："长狭而卑曰榻，言其榻然近地也，小者曰独坐，主人无二，独所坐也。"[1] 榻的设计别具一格，其形状呈现出狭长的特点，与此同时，其高度相较于其他家具显得较为低矮。为了进一步优化休息体验，古人巧妙地改造了榻的设计，赋予其坐卧皆宜的双重功能。这

图3.15 宋 晁补之 《米襄阳洗砚图》 绢本设色

---

[1] 刘熙：《释名》，任继昉、刘江涛译注，中华书局，2023，第701页。

一创新举措不仅体现了古人对生活品质的追求，也极大地提升了榻的实用性和舒适性。

宋代的榻作为一种独特的家具形式，不仅展现了文人雅士的情感世界，更深刻地传承了传统的礼仪精神。随着古人起居方式的悄然转变，家具设计也随之发生了深刻的变革，越发倾向于追求身体的舒适与性情的超脱。宋代的榻，正是这一趋势的杰出代表，其设计理念侧重于人们随性的坐卧体验，深刻契合了文人士大夫所追求的闲情逸致。与此同时，宋代的榻也保留了席地而坐的古老礼仪传统，继续沿用跪坐、正坐以及结跏趺坐等坐姿，这些传统的坐姿方式不仅体现了古人对身体的爱护，更在无声中强调了修身养德的重要性。宋代文人深谙榻的魅力，他们以卓越的文学才华，通过诗词为榻赋予了深厚而丰富的文化内涵，如诗人欧阳澈有词《蝶恋花·拉朝宗小饮》曰："解榻聚宾挥玉尘。"

明代文震亨在《长物志·几榻》中写道："古人制几榻，虽长短广狭不齐，置之斋室，必古雅可爱，又坐卧依凭，无不便适。"[1]画中米芾所坐的竹榻（图3.16）设计精巧，其尺寸较短，可能是为了适应文人在庭院或室内的使用

图3.16 《米襄阳洗砚图》中的竹榻

---

[1] 文震亨、赵菁：《长物志》，金城出版社，2010，第196页。

需求，尺寸适中，三面设有围屏，不仅增添了美观性，也营造出一种宁静的氛围。其中，背面饰以"卍"字纹，两侧饰以曲尺纹，这些细腻的纹饰既彰显了匠人的精湛技艺，又体现了文人对生活品质的追求。榻身正面上部分采用了禹门洞式开光设计，增加了视觉上的层次感；下部分则类似木制箱体结构家具，既实用又美观。竹榻以湖石为屏，石屏后种植着芍药与竹子，这些自然元素的融入，使整个画面更加生动自然。在榻上左侧，摆放着铜簋式炉、朱漆香合和筯瓶，这三者合称炉瓶三事，是文人雅士品茗焚香时的必备之物。榻右侧陈列着书籍卷轴和笔筒，笔筒上显现着硬木纹理，推测可能为珍贵的黄花梨材质。此外，白瓷梅瓶内插着一支红珊瑚，色彩对比鲜明，增添了画面的亮点。在雅士的身边，两位童子正在忙碌着：一位童子正在烹茶，他手法熟练，神情专注；另一位童子在池中洗砚，动作轻盈，小心翼翼。园中还摆放着盆景和仙鹤，为画面增添了一抹自然气息。书斋内则放置着古琴和清供，这些物品都是文人生活中不可或缺的元素。这些搭配展示了文人的高雅品位和文化修养。总的来说，《米襄阳洗砚图》中的竹榻不仅是一件实用的家具，更是文人生活品位和文化追求的象征，它反映了宋时期文人对自然、质朴和高雅生活的向往。

第五节 《时苗留犊图》

"时苗留犊"是一个广为流传的美谈，该图描绘了时苗卸任离开时，因在任时母牛生了一头小牛，时苗认为牛犊是在淮南出生的，应当留下，于是他将小牛犊留下不肯带走的场景。《时苗留犊图》（图3.17）生动展现了魏寿春县令时苗离任时，众多乡民依依不舍、深情送别的动人场面。图中，一辆牛车正静静地停候，驭手紧握缰绳，等待启程。时苗则伫立于牛车旁，他俯身向送别的乡民们深深鞠躬，谦逊而坚定地劝阻着他们继续送别。四周的乡民们，无论老少，都怀着无尽的感激和不舍前来送别。他们中有的双手合十，表达着最诚挚的敬意；有的深深低头，向时苗表示由衷的感激；有的深深鞠躬，以此表达心

图3.17　元　钱选　《时苗留犊图》　绢本设色

中无尽的敬意与留恋。更有乡民们献上了自家准备的食物，以表达对他离任的不舍和感激之情。还有乡民点燃香火，虔诚地祭拜，祈愿时苗前程似锦。

　　在这幅画作的右边有一辆独具特色的牛车，它披覆着竹篷，内部则铺展着一片青翠的竹席（图3.18），显然是为搭载乘客而精心打造。在牛车的一侧，一位老者正悠然地将一对配有提梁的箩筐（图3.18）稳稳地放在地上。仔细端详这对箩筐的提梁设计，只有竹材的柔韧特质才能呈现出如此流畅自然的弯曲程度。我们可以合理推断，老者所使用的这对箩筐，正是用竹子为材料精心制作而成。

图3.18　《时苗留犊图》中的竹席和竹箩筐

　　在古代的画作中，竹箩筐是一种常见的物品，经常被画家们描绘。这些竹箩筐通常由竹子编织而成，形状和大小各异，有些箩筐还带有精美的装饰。竹箩筐在古代画作中的表现，不仅是作为一种实用物品，也具有一定的象征意义，它们可能代表着劳动人民的勤劳和智慧，也可能象征着生活的朴素和简单。

第四章

风俗画中的竹器

第一节　北宋张择端《清明上河图》

《清明上河图》（图4.1）是北宋画家张择端创作的杰出作品，生动描绘了北宋京城汴梁（现今的河南开封）及汴河两岸繁华的热闹景象和优美的自然风光，巧妙地将自然景色、城市生活与人文风情融为一体，表现出独特的艺术魅力。明代李东阳在《清明上河图记》记载："人物则官、士、农、贾、医、卜、僧道、胥隶、篙师、缆夫、妇女；臧获之行者、坐者、授者、受者、问者、答者、呼者、应者、骑而驰者，负者，戴者，抱而携者，导而前呵者，执斧锯者，操畚锸者，持杯罂者，袒而风者，困而睡者，倦而欠伸者，乘轿而搴帘以窥者。又有以板为舆，无轮厢而陆曳者；有牵重舟溯急流，极力寸进；圆桥匝岸，驻足而旁观，皆若交欢助叫，百口而同声者。"❶

《清明上河图》画中的内容主要分为两个部分：一部分展现了宁静的农村景象，另一部分则呈现了繁忙的市集生活。画中人物栩栩如生，数量约有814人，生动地展现了当时社会各阶层人物的风采。此外，画中还描绘了60多匹牲畜、28艘船只、30多栋房屋楼宇、20辆车和8顶轿子，以及170多棵形态各异的树木。这幅作品不仅是对当时社会生活的真实记录，更是一幅展示宋代丰富物质文化的珍贵画卷。

在这幅作品中，竹器以其多样的形式和广泛的用途，成为画面中不可或缺的一部分。首先，画中包括各种各样的竹制生活用品，竹篮、竹筐等用于装载食物或器具，它们的出现表现了当时人们的日常生活场景，这些竹器不仅实用，还具有一定的装饰性。其次，竹制家具也在画中有所体现，如竹椅、竹凳等，为人们提供了舒适的座位，简洁的设计与其自然材质相得益彰。最后，

---

❶ 吕少卿：《大众趣味与文人审美——两宋风俗画研究》，天津人民美术出版社，2014，第90页。

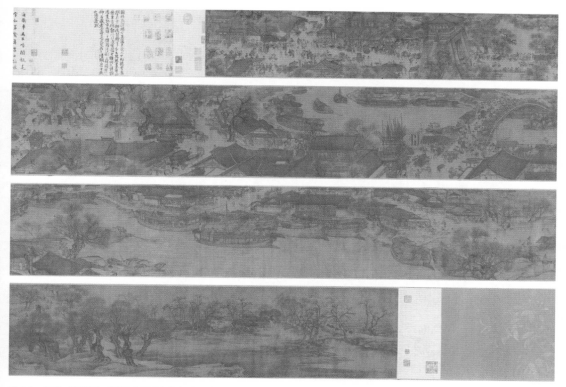

图 4.1 北宋 张择端 《清明上河图》❶ 绢本设色

还有一些竹制工艺品，如竹编的花瓶、饰品等，展现了当时手工艺人的精湛技艺。

竹器在《清明上河图》中的广泛应用，反映了北宋时期竹制品的重要地位。竹子作为一种丰富且易于获取的资源，被广泛应用于人们的生活中。这些竹器不仅具有实用价值，还承载着当时的文化精神和审美观念。它们的存在为画面增添了生活气息和艺术氛围。通过欣赏《清明上河图》中的竹器，我们可以了解到北宋时期的社会生活、手工艺发展以及人们对自然材料的利用。

---

❶ 北宋张择端的《清明上河图》在历史文献中也被称作过"北京本""延春阁本""宝笈三编本""宋版"。

图4.2 《清明上河图》中的方竹箩

图4.3 《清明上河图》中的竹背架

一、方竹箩

方竹箩是在《清明上河图》中最左端出现的一种竹器（图4.2）。由画中箩筐的细密线条可以将其推断为竹制品而非柳制品，因为柳制品的质感相对较为粗糙，难以达到如此精细的程度。但箩筐的边框或框架有可能为木质制成。此外，在画卷的其他部分，方竹箩也以不同的造型多次出现，尽管造型略有差异，但仍能清晰地辨认出它们的竹质特性。

二、竹背架

图中有一个背着货架的货郎形象（图4.3）。只见货郎手中拿着小物件在沿街兜售，货郎背着的货架隐约可见有竹编的网孔。该背架向上弯曲的框架结构体现出其制作材料为竹制，因为使用竹材比木材更容易加工成这一造型，且竹背架比木背架更轻便、耐用。从宋代同时期李嵩的《货郎图》中也可以看出，宋代的背架使用竹竿和竹编制作而成且竹制背架已经相当普及。

　　宋代描绘竹背架的类似作品还有《玄奘三藏像》（图4.4），这幅作品更详尽地展示了竹背架的造型和组合结构。与《清明上河图》中的货郎背架有所不同的是，《玄奘三藏像》中的竹背架主要用于装载行李、书籍等物品。这两幅宋代的画作都充分说明，竹背架这一竹器的造型和制作技术在宋代已经相当成熟。画中竹背架的框架主要由竹竿组成。竖向部分由四根粗壮的竹竿支撑，横向则是由一根或两根弯曲的竹竿围合，再通过绳索紧固。框架完成后，再使用竹编、竹席或布料、木板等材料进行围合，形成一个封闭的造型。

图4.4　南宋　佚名　《玄奘三藏像》　绢本设色

三、斗笠

　　《遵生八笺·起居安乐笺》中有关斗笠的记载："其制有二：一名云笠，以细藤作笠，方广二尺四寸，以皂绢蒙之，缀檐以遮风日。一名叶笠，以竹丝为之，上以槲叶细密铺盖，甚有道气。"[1]明代的文人群体中盛行游山风尚，当这些文人漫步于山水之间时，他们常常佩戴编织的斗笠，以遮挡风雨和烈日。相较于农民用于遮雨的斗笠，文人所佩戴的斗笠显得更为考究和别致，它们不仅工艺精细，而且便于携带。

　　《清明上河图》中骑马人的头上和货郎的背架上分别有两种不同样式的斗

---

❶ 高濂：《遵生八笺》，王大淳、李继明、戴文娟等整理，人民卫生出版社，2007，第232页。

笠。很显然，货郎背架上的斗笠明显是竹制品。同样的斗笠在画中其他地方（图4.5）也多次出现过，虽然造型略有不同，但基本上能分辨出是竹制品。斗笠和蓑衣是人们雨天出行的用具，更是船只上必不可少的物件。《清明上河图》中描绘的船只上都放置了斗笠和蓑衣（图4.6）。

图4.5 《清明上河图》中的竹斗笠

图4.6 《清明上河图》中船只上的斗笠

四、竹制遮阳篷

《清明上河图》中几乎所有的房屋周边都有用竹席制品做成的遮阳篷（图4.7），而且这种竹制遮阳篷的形式、大小、制作方式变化多样。大多数遮

图4.7

图4.7 《清明上河图》中不同类型的竹制遮阳篷

阳篷，都采用了正交结构的竹制骨架作为基础，其上铺设着细密的竹席，既能有效地遮挡阳光，又保持了通风性，使室内环境更为舒适。单柱支撑的遮阳篷别出心裁地采用了双十字架设计，这种设计既保证了遮阳篷的稳固性，又增加了其美观性。此外，还有一些遮阳篷采用了"米"字形结构，部分还辅以斜正方形的设计，这种复杂的竹制骨架结构可以使遮阳篷更加稳固耐用。在中心位置，有一个小正方形用于固定支撑柱，使整个遮阳篷结构稳固，不易倾斜。最后，再铺设上竹席，既完善了遮阳功能，也为整个房屋增添了一份雅致的韵味。

图4.8 《清明上河图》中的肩挑圆形竹箩

五、圆形竹箩

画中还展示了人们肩挑的圆形竹箩（图4.8），前竹箩上方巧妙地放置了一个圆形的竹簸箕，里面陈列着待售的物品，这显示了商贩的勤劳和智慧；后竹箩则稳稳地承载着一顶斗笠，既能防雨又能遮阳，体现了人们对自然环境的巧妙适应。这种竹箩和斗笠的组合设计，不仅便于行人在行走中保持平衡，还体现了高度的实用性和便利性，不仅能够承载物品，还能为行人提供必要的遮阳和防雨功能。值得注意的是，在《清明上河图》的其他部分（图4.9），也能看到类似的圆形竹箩，这进一步证实了其在当时的广泛使用。

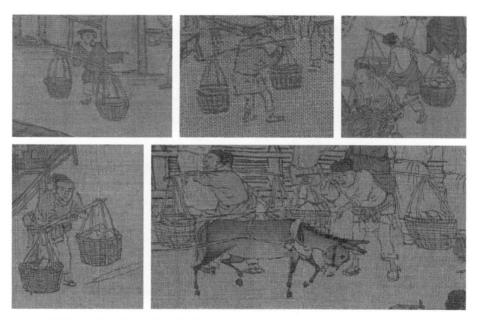

图4.9 《清明上河图》中不同地方的圆形竹箩

六、竹席车船顶篷

《武林旧事》载："先于五六月内择日命司漕及修内司修饰郊坛，及绞缚青城斋殿等屋，凡数百间，悉覆以苇席，护以青布……。"[1] 垂足坐姿的普及逐渐改变了人们对坐具的依赖，使传统的席逐渐失去了作为主要坐具的地位。在此

---

❶ 周密：《武林旧事》，浙江人民出版社，1984，第6—7页。

图4.10 《清明上河图》中的竹席车船顶篷

背景下，席的用途逐渐转变，除了保留基本的坐卧功能外，更多地被当作铺设物品的垫子使用，所以利用竹席来做车、船、房屋的顶篷（图4.10）在宋朝已经司空见惯。竹席不仅体现了竹箩的造型特征，更明确了它的具体使用方式。《老学庵笔记》卷三《相国寺内万姓交易》记载，宋代相国寺每月都要开放五次万姓交易，"卖蒲合、簟席、屏帷、洗漱"[1]，在这些贸易往来中，就有竹席（簟席）卖。

七、竹货挑

张择端在画面的不同部分分别描绘了竹货挑这一器具（图4.11）。尽管一处的图像部分被遮挡，但其精妙的结构仍然若隐若现，透露着神秘的气息。经过多角度的审视与研究可以确定，这并非一件寻常之物，而是一件便携式货挑，其设计巧妙，既可以轻松地挑在肩上，方便携带，又能在需要时卸下，让人们进行商品交易。从货挑的精致造型和独特结构，尤其是货挑腿部的竹节处理来看，这件货挑是由竹材精心制作而成。

---

[1] 陆游：《老学庵笔记》，李剑雄、刘德权点校，中华书局，1979，第16页。

图4.11 《清明上河图》中的竹货挑

八、元宝竹箩

在《清明上河图》中，元宝竹箩（图4.12）作为一种独特的竹制器物，共出现了五次。从其造型上来看，元宝竹箩的设计十分独特：两头高耸，中间略显低洼，这种形状与古代流通的元宝极为相似，因此得名。此外，与现今常见的元宝竹篮相比，其形态也颇为接近。这种独特的元宝形状，不仅美观大方，还便于堆叠和存放，是其设计的实用性与审美性的完美结合。元宝竹箩的提梁

图4.12

图4.12 《清明上河图》中的元宝竹箩

设计也十分考究，提梁高耸，不仅方便挑担者手握，而且让竹箩在挑运过程中更为稳定。这种设计既体现了工匠们的巧妙构思，也反映了当时人们对生活细节的极致追求。再者，从元宝竹箩的体量来看，其体积较大，显然是用来装载数量较多或体积较大的生活用品。

九、竹制圆簸箕

从画中可以发现多处都出现了竹制圆簸箕（图4.13），竹制圆簸箕不仅是一种实用的生活工具，更是人们日常生活中不可或缺的一部分。簸箕，又称为"箕"，是一种出现时间较早的编织品。在《诗经》中也多处记载到箕，如"哆兮侈兮，成是南箕"[1]，这说明在先秦时期已有簸箕的说法出现。元代王祯的《王

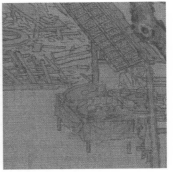

图4.13 《清明上河图》中的竹制圆簸箕

---

[1]《诗经》，王秀梅译注，中华书局，2006，第289页。

祯农书·农器图谱·条蒉门》中详细地记载了簸箕："箕，簸箕也。"❶簸箕的功能多样，无论是农业生产、商业活动还是家庭生活，都可以看到它的身影。

十、元宝大竹篮

《清明上河图》中唯一出现竹篮（图4.14）的地方，在著名的"虹桥"桥头。从其提梁的高度可以推测出这是一个大型竹篮。与其他生活物品相比，其尺寸似乎有些过大，在画中显得格外引人注目。竹篮的形态同样是两头高耸、中间略低，呈现出元宝的形状，这种造型的竹篮在古时是常见的容器，用于携带各种物品。

图4.14 《清明上河图》中的元宝大竹篮

十一、圆形扁竹箩

画中圆形扁竹箩（图4.15）不同于之前出现过的竹器：一是其带有高提

图4.15 《清明上河图》中的圆形扁竹箩

---

❶ 王祯：《王祯农书》，王毓瑚点校，中国农业出版社，1981，第271页。

梁、篮身扁的特点，能让人一眼就看到所挑物品；二是其尺寸大，增加了竹箩由于扁平而减少的容积。这样的竹箩在画中一共出现过三次。

十二、长竹篓

尽管线条简略，但作者却清晰地勾勒出了一个竹编篓子的轮廓（图4.16）。与众不同之处在于其长度远超一般所见的篓子，似乎是为了便于用扁担挑起而特意设计的。从画中篓子的形态来看，如果作为鱼篓，那么里面所装的物品显然过于沉重，与常规的鱼篓并不相符。仔细观察，这个篓子的顶端由竹片交织而成，这样的设计使其可以稳稳地固定在扁担上，无论是行走在崎岖的山路还是平坦的田间，都不必担心它会滑落。整个篓子呈现出一种镂空的样式，既能够保持足够的强度，又能让空气流通，确保里面的物品不会因潮湿而变质。

图4.16 《清明上河图》中的长竹篓

十三、驴驮竹筐

画中描绘了在驴子身体两侧各放置一个竹筐（图4.17）的情形，这种做法体现了古人深刻的智慧。这样的布局不仅便于向筐内添加物品，而且能够显著提高装载容量。同时，这种设计保持了两侧的重量平衡，确保了驴子的行走稳

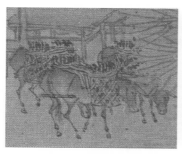

图4.17 《清明上河图》中的驴驮竹筐

定。《东京梦华录译注》卷三《般载杂卖》中也有关动物驮重物的描述：用独轮车搬运竹木瓦石，"又有驼骡驴驮子，或皮或竹为之，如方圆竹䕚。"❶竹䕚是筐状的竹器，形状或扁或方，放在动物身上用以驮运重物。即便在现代社会，部分农村地区依然沿用了这种传统的装载方式。这种竹筐在《清明上河图》中出现了两次，展现了它作为一种重要的生产工具在当时日常生活中的应用。从画面上观察，竹筐可能被用于炭的运输，这一细节进一步强调了它在古代生活中的重要地位。

十四、竹竿类竹器

《清明上河图》中出现的竹竿类竹器主要有撑船竿、撑旗竿、遮阳篷竿等（图4.18）。竹竿的大量使用，表明北宋时期的汴京（现今河南开封）地区有大量竹材供应来源，也就是说在当时，竹产区离汴京较近。河南省博爱县自古以来就是该地区为数不多的竹乡，至今仍有大面积竹林。博爱县距离开封市只有150千米，因此推测博爱县就是北宋时期汴京的竹材供应地。

---

❶ 孟元老：《东京梦华录译注》，王莹译注，上海三联书店，2014，第91页。

图4.18 《清明上河图》中的竹竿类竹器

十五、竹篱笆

《清明上河图》中竹篱笆（图4.19）出现过数次，虽然每次呈现的形式并

图4.19 《清明上河图》中的竹篱笆

不完全一致，但都遵循着一种基本的构造原则。这些竹篱笆大多采用较为粗壮的竹条，按照简单的十字交叉的方式编织而成，用以划分房前屋后的空间，或是作为院内的隔断。

十六、竹伞

竹伞（图4.20）作为当时社会日常生活中常见的器物为人们所熟悉，但以图形进行绘制被明确记录下来的并不多。《清明上河图》中所描绘的竹伞是以图形形式记录下来的我国早期的竹伞形象。

十七、竹笊篱

《清明上河图》中一处描绘了一个长柄竹笊篱（图4.21）。竹笊篱是传统竹器，一直沿用至今，但

图4.20 《清明上河图》中的竹伞

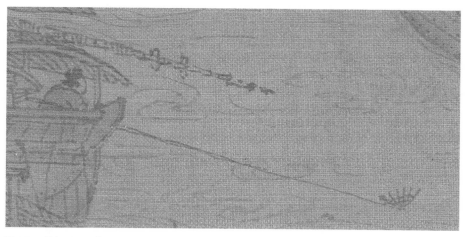

图4.21 《清明上河图》中的竹笊篱

作为船上用具，这种长柄的竹笊篱是比较少见的，它可能专门用于打捞水中漂浮物品。图中的笊篱外围竹篾不仅不收口，而且还向外延伸，这种形状可能是为了扩大竹笊篱的打捞面。这种造型的竹笊篱在宋代李嵩的《货郎图》中也有描绘，表明了笊篱外围竹篾不收口是宋代笊篱的特点。

第二节 《货郎图》

南宋画家李嵩创作的《货郎图》（图4.22）是一幅生动描绘了当时风土人情的杰作。《辞海》将"货郎"解释为"荷担敲鼓，卖妇女用物者曰货郎，又称货郎儿"❶。文献上最早有关货郎的描述在南宋周密所撰写的《武林旧事》中《舞队》一卷："大小全棚傀儡：……散钱行、货郎、打娇惜。其品甚夥，不可悉数。"❷其中，"舞队"是指南宋都城临安元宵节前后上街表演歌舞的团体。画中的货郎弯腰负重，肩上的杂货担子显得沉重而丰富，货担上陈列着各式各样的物品，从日常所需的锅碗盘碟到儿童喜爱的玩具，再到诱人的瓜果糕点，可谓琳琅满目，一应俱全。《货郎图》恰好描绘的是货郎吸引了众多妇女和儿童的注意，他们围观或是选购着自己心仪的商品的情景。

图4.22 南宋 李嵩 《货郎图》 绢本设色

❶ 舒新城、沈颐：《辞海》，中华书局，1981，第2741页。
❷ 周密：《武林旧事》，浙江人民出版社，1984，第32—34页。

南宋时期的商品流通尚不够发达，货郎们便成了街头巷尾不可或缺的一道风景线。他们挑着琳琅满目的货物，穿梭于市井之间，仿佛一个流动的"百货商店"，为人们提供了极大的便利。《梦粱录》里记载："杭城风俗，凡百货卖饮食之人，多是装饰车盖担儿，盘盒器皿新洁精巧，以炫耀人耳目，盖效学汴京气象。"[1] 画家李嵩巧妙地通过货郎这一形象，展现了南宋市井生活的丰富多彩，真实地呈现了南宋百姓的日常生活情景。

一、竹制货挑

画中货郎挑着的货挑是竹制的（图4.23）。虽然货挑上堆满了各种货品，但从其框架结构仍能清晰地看到竹片的拼接痕迹。与《清明上河图》中描绘的货架、货挑相比，不难发现，在近百年的演变中，竹制货挑的制作技艺与功能均得到了显著的提升和完善。这款竹制货挑最为突出的特性在于其轻盈的质地与强大的承载能力达到了完美平衡。

二、竹耙和竹制鸟笼

竹耙是一种用竹材制成的工具，主要用于分离谷物中的杂物，至今部分农村地区仍在使用。在《货郎图》中，货郎所携带的货物中清晰地展示了竹耙的形象，这可能是有关竹耙最早的图像记录。画中的竹耙以一根竹竿为基础，竹竿的

图4.23 《货郎图》中的竹制货挑

---

[1] 吴自牧：《梦粱录》，张社国、符均校注，三秦出版社，2004，第265页。

末端被巧妙剖分成六个耙爪，经过弯曲成型后，再用竹篾固定以保持形状。这种耙爪的出现，标志着宋代时期的人们已经熟练掌握了竹材的热弯成型加工技术。与现代乡村农业生产中使用的竹耙相比，画中的竹耙在形态上极为相似。

在竹耙的左下方有一个竹制鸟笼，里面似乎有一只正在鸣叫的小鸟。其笼身的设计有疏松的方形网孔，而笼底则使用了较多的竹篾以加强支撑，鸟笼的顶端直接用竹篾束口，结构既简单又实用。在竹耙的右下方有一个较小的耙形器物，其柄上带有明显的竹节痕迹，推断其是一个竹制的痒痒挠。在痒痒挠的旁边还有一个用来招揽顾客的竹竿幌子（图4.24）。

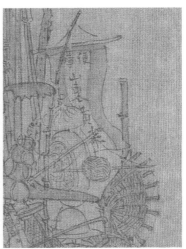

图4.24 《货郎图》中的竹耙、竹制鸟笼、痒痒挠和竹竿幌子等竹器

三、小竹篓和长扇

鸟笼的下方有一个十分小巧精致的小竹篓。仅靠观察小竹篓颈部的尺寸，难以确定其具体用途。然而，通过仔细审视小竹篓的整体尺寸和独特造型，可以确定其属于蛐蛐篓一类的竹制器具。小竹篓的上半部分由竹篾精心编织而成，并形成了一种错落有致的装饰图案，既实用又不失美观。在小篓的后方有一把长扇，上面题有诗句，为画面整体增添了文化气息。长扇也极有可能是以

竹为材料制作而成，与整个鸟笼和小竹篓相得益彰，共同营造出一种和谐而雅致的氛围（图4.25）。

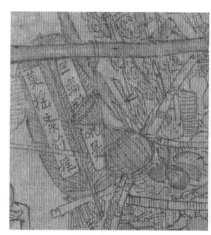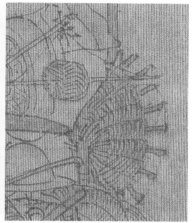

图4.25 《货郎图》中的小竹篓和长扇

四、笊篱和雨伞

竹篓和竹扇的另一侧，摆放着一件类似于笊篱的竹制工具。其后方，隐约可见一把竹伞的伞柄和伞身，伞身正位于画中小孩的脸部前方（图4.26）。这件笊篱的外观设计，与《清明上河图》中所描绘的长柄竹笊篱极为相似，两者都保留了一圈外露的宽竹篾结构。在后续的笊篱图形资料中，这种造型相对较少，多数后世的笊篱设计选择了直接竹编收口的方式。

图4.26 《货郎图》中的笊篱和雨伞

五、竹席垫和小竹篓

在小笊篱的下方展现了一张尺寸适中的竹席垫。这张竹席垫的尺寸与餐饮活动有着紧密的关联，它可能是用来放置茶具、食物或其他餐具的。竹席垫采用了经典的人字编工艺，这种编织方式赋予了它独特的纹理和美感。尽管画面并未明确展示，但可以推测这张竹席垫是素面的，以突出其简约而实用的特点。画中将小笊篱、竹席垫以及旁边的耙型小竹器放在一起似乎构成了一套完整的竹制器具。货郎左手上套有一个精致的小竹篓，其形制为圆形，带有小提梁（或软索）（图4.27）。这个小竹篓尺寸较小，可能是货郎用来放置零钱的竹器。

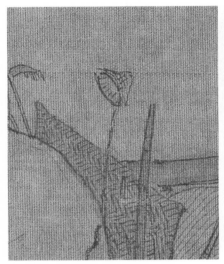

图4.27 《货郎图》中的竹席垫和小竹篓

六、小竹筐和竹茶笼

在《货郎图》中，细致观察右侧货架的中部，可以清晰地看到一个圆形小竹筐和一个竹茶笼（图4.28）。这个竹茶笼的形态特点极为显著，其设计精致而传统。具体来看，茶笼的下半部分由一整段竹筒构成，上半部分则是将竹筒剖开成若干竹丝，再经过巧妙地弯曲制成。这种造型风格与现代茶笼的设计有着惊人的相似度，充分证明了竹茶笼在造型上的传承性和延续性。

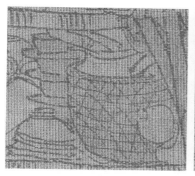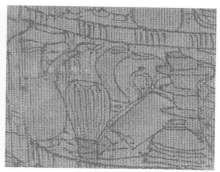

图4.28 《货郎图》中的小竹筐和竹茶笼

七、竹筛、斗笠、竹鞭和长竹筒

在《货郎图》中货挑的左侧，隐约可见竹筛和斗笠。尽管这些竹筛和斗笠的造型相对常见，没有太多独特之处，但它们却巧妙地体现了当时工匠们的精湛工艺。竹筛采用的是经典的十字编工艺，收口处用竹片巧妙地进行固定，并通过竹篾捆绑以增强稳定性。这种捆绑的竹篾排列井然有序，与现代竹筛的设计几乎如出一辙。

此外，货挑中还隐约可见用短竹竿精心制作的竹鞭、长竹筒等竹制品，这些细节展现了宋代竹器的丰富多样性，并为后人提供了一个直观且精准地了解和认识宋代竹器的机会（图4.29）。《货郎图》不仅补充了《清明上河图》中未展现的小型竹器形象，更通过细致入微的描绘，展现了竹耙、竹鸟笼、竹制痒痒挠、竹笊篱、小竹篓等多种竹器的形象。这些在以前绘画中鲜少见到的元

图4.29 《货郎图》中的竹筛、斗笠、竹鞭和长竹筒

图4.30　明　计盛《货郎图》绢本设色

素，正是《货郎图》这幅画的珍贵之处。

在明代画家计盛所创作的《货郎图》（图4.30）中，人们得以窥见当时社会生活的丰富细节。画中最为引人注目的，无疑是中间挂满了鸟笼的货架。从画中可以看出，货架的主体架构以竹竿为材料，经过巧妙的加工制作而成。更为独特的是，其中还使用了著名的湘妃竹，使整个货架在实用性外，还表现出了一种艺术美感。货架顶部和腿部的向外弯曲设计，不仅增加了货架的美观性，更体现了工匠们的巧妙构思和精湛技艺。

计盛所画的货挑在明代的同类作品中独树一帜，而其他作品的形制则相对较为接近。以《明人春景货郎图轴》（图4.31）为例，图中货挑上装有华盖，下方以木杆与主体相连。主框架采用斑竹制作，通过树根横枨的穿插构成货挑的主要受力结构。此外，还有一个弯月状的扁担贯穿前后货架，扁担为木质，雕刻精美。其余部件施以彩绘，以红色为主色调，绘满吉祥图案和花纹。货架上堆满了各类商品，还在框架上绑扎细竹竿，用于悬挑货物，整个画面热闹而富有生气。其他各式的明代《货郎图》中的货挑式样大多类似，如现藏于日本的吕文英绘

《货郎图》、现藏于台北故宫博物院的《宋人戏婴图》等。这些作品的共同特点在于拥有较为夸张的弯月状扁担，框架为斑竹制，腿足外翻，上方有方形或圆形的顶盖。这种同质化现象的原因可能是货郎题材在年俗画作中寓意吉祥，更多地强调象征性和装饰性，而非严谨的纪实性。

图4.31　明　佚名　《明人春景货郎图轴》

　　到了晚清时期，上海、苏州等地兴起了"骆驼担"[1]（图4.32），即走街串巷兜售食品的小贩。他们所挑的货架也是由竹材制作，形状类似于"骆驼"。从货架的形制来看，具有明显的侧脚收分特征，是对历代《货郎图》中货挑形制的有序传承。

图4.32　上海地区的"骆驼担"

---

[1] 吴文治：《里弄街头的移动厨房：近现代上海流动食摊骆驼担设计研究》，《艺术探索》2020年第1期。

第三节 《闸口盘车图》

　　《闸口盘车图》（图4.33）由五代宋初杰出画家卫贤创作，纵53.3厘米、横
119.2厘米，恰到好处地展现了河旁闸口处一座繁忙的磨面作坊的生动场景。
《闸口盘车图》的珍贵之处在于画面中对众多与磨面活动息息相关的生产类竹
器的精彩呈现。更令人赞叹的是，画中还描绘了不同工种的民夫们，通过他们
的动作和姿态，不仅展示了这些竹器的使用方法，更生动地再现了当时人们的
生产活动场景。这幅作品不仅是对五代南唐时期人们生产活动的一个生动写
照，更是对当时生产类竹器的一次全面展示。通过这幅画作，我们可以一窥当
时的时代风貌，感受当时人们的智慧和勤劳。总的来说，《闸口盘车图》无疑
是一幅具有重要历史意义和文化价值的艺术珍品。

图4.33　五代宋初　卫贤　《闸口盘车图》　绢本设色

一、竹砻和竹罩

　　画中的磨坊描绘了一个巨大的水力磨，直径超过了成人的身高。这个巨大
的水力磨从外形看更像是竹砻，要通过巨大的推力才可以使其转动。另外，石
磨的纹路一般在上下磨的接触面上，而此处砻的纹路与石磨的纹路显然不同。
竹砻的独特之处在于其轻巧的质地和不受石材限制的制作方式。一般来说，小

型竹砻的外部会用竹编作为保护层。然而，在这幅画作中，由于竹砻的尺寸庞大，其外部结构更像是竹片拼接而成，而不是简单的竹编保护层。此外，画作中还展示了三个巨大的缸，可能用于存放麦子或面粉。每个缸上都覆盖着一个锥形的竹罩，这一设计既实用又美观（图4.34），同时为我们提供了关于竹罩的最早可查证的图片信息。

图4.34 《闸口盘车图》中的竹砻和竹罩

二、竹类筛筐

　　这幅画作详尽表现了人们丰富的生产劳作场景，细致入微地描绘了不同民夫使用各种竹器的情景，展示了多种竹器的独特用途，如悬挂在大支架下筛取谷物的大竹筛以及圆形和方形的无耳竹箩筐（图4.35）。此外，在右下角还描绘有竹簸箕。值得注意的是，画中有一位民夫正站在一个竹器上进行筛谷作业，从造型和结构来看，这个竹器很可能是圆形竹箩筐。这一细节不仅突显了当时竹箩筐的坚固结构，能够承受相当的压力，还展现了民夫们在工作中的智慧和灵活性。画作中展示的大竹筛带有支架，与元代王祯《农书》中记载的专用竹器"筛谷箩"❶颇为相似，都是采用悬挂式结构的竹筛。

---

❶ 王祯：《东鲁王氏农书译注》，缪启愉、缪桂龙译注，上海古籍出版社，2008，第500页。

图4.35 《闸口盘车图》中的竹类筛筐

三、运货竹篷车和竹篷船

在画作中，我们还可以看到精心描绘的运货竹篷车和竹篷船（图4.36），其竹席顶篷的细节和纹理被刻画得极为精准和清晰，充分展示了竹席独特的结构和纹理美。进一步观察，还可以在竹篷船和竹篷车上发现两三个竹制斗笠，似乎是五代时期车夫和船夫不可或缺的装备。竹篷车和竹篷船上所用的竹席和竹帘，在古代的《说文解字》《玉篇》等典籍中已有记载，甚至在汉代的舟车陶俑

图4.36 《闸口盘车图》中的运货竹篷车和竹篷船

上也可见到其形象。《闸口盘车图》所描绘的牛车和船只上的竹席顶篷是较早期的图形记录，为我们提供了宝贵的历史见证。

第四节　明代仇英《清明上河图》

明代画家仇英所绘的《清明上河图》（图4.37）以其独特的艺术风格脱颖而出。此画采用黄色绢本作为载体，运用青绿设色技巧，使得画面呈现出工整细致的界画效果。在画面布局上，仇英巧妙地借鉴了张择端《清明上河图》的构图思路，通过有序的排布展现出一幅宏伟且富有层次的画面。在内容上，仇英的《清明上河图》虽然沿用了张择端的构图框架，即依次描绘郊野、内城集市和虹桥等场景，但所展现的却是明代江南地区独特的生活风俗和场景。画面内容丰富多彩，主要分为郊外山野、城郊分界、集市闹区以及雍贵宫苑四个主要区域。每个区域都各具特色，无论是郊外山野的静谧之美，还是城郊分界处的过渡地带，或是集市闹区的喧嚣繁华，都被仇英巧妙地融入画面中，特别是雍贵宫苑区域，更是展现了明代宫廷的富丽堂皇和尊贵气息。整幅画作不仅场面宏大，在人物刻画上也十分精细入微，每个人物都被赋予了生动的表情和姿态，仿佛跃然纸上，使得画面更加生动有趣。

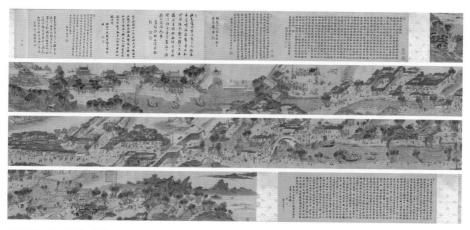

图4.37　明　仇英　《清明上河图》　绢本设色

明代仇英绘制的《清明上河图》被称为日用竹器最多的绘画作品之一。在这幅作品中，可以看到大量的日常生活中使用的竹器，如竹篮、竹箩、竹筐、竹篓、扇子、竹席等。这些竹器的形制和用途基本和宋元时期的竹器相似，反映了当时竹器制作工艺的稳定和成熟。

一、竹箩、竹伞、竹篮和竹席围栏

画中绘制了一些日用的竹器（图4.38），如较大型的竹箩（图4.39）、竹伞（图4.40）、竹篮（图4.41）和竹席篷、竹制围栏（图4.42），甚至还有由双人抬着的大竹篓和大竹箩。这表明明代苏州城内的人们已经广泛地运用竹器，并且竹器在他们的日常生活中扮演着重要的角色。

图4.38 《清明上河图》中的日用竹器

图4.39 《清明上河图》中的竹箩

图4.40 《清明上河图》中的竹伞

图4.41 《清明上河图》中的竹篮

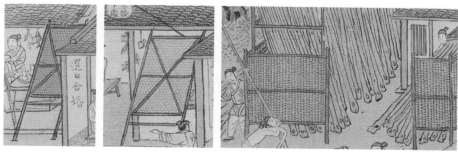

图4.42

图4.42 《清明上河图》中的竹席篷、竹制围栏

二、竹制顶篷和竹制帆篷

仇英的《清明上河图》还展示了舟车等大型运输工具中使用的竹器，以及竹制顶篷（图4.43）、竹制帆篷（图4.44），系统呈现出明代竹器在苏州城中的应用场景。虽然竹制帆篷最早出现在元代，但在明代的《天工开物》中也详细介绍了其制作技术。

图4.43 《清明上河图》中船上的竹制顶篷

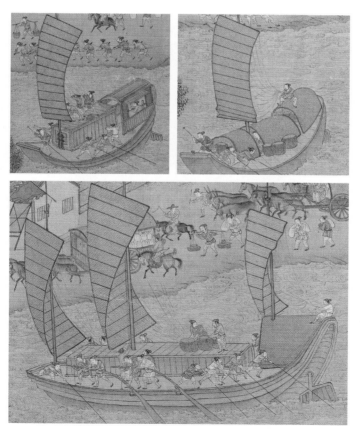

图4.44 《清明上河图》中船上的竹制帆篷

在仇英的《清明上河图》中，一艘大船上配备了三个竹制帆篷，显示出明代帆篷制作技术已经发展的十分成熟。

三、竹货挑和骆驼货架

明代仇英的《清明上河图》中也出现了竹货挑、骆驼货架等竹器（图4.45），说明明代竹货挑与宋代货挑在造型方面有一种继承关系。货挑作为中国传统农业社会中小商品买卖的重要载体，在商品交换中发挥了重要的作用。货挑最晚在北宋初期就已出现，实际使用时间应该更早，因为北宋初期货挑的形式已经发展成熟。为了减轻自身重量、盛装大量货品、方便随时挑起和放下，货挑以竹制框架为最佳选择。

图4.45 《清明上河图》中的竹货挑和骆驼货架

第五节 《民物熙乐图轴》

《民物熙乐图轴》（图4.46）又名《山溪水磨图》，此画细腻描绘了从磨坊奔涌而出的泉水汇聚成河，车马队伍络绎不绝地涉水渡河的生动场景。作者精妙地将画面划分为远、中、近三个层次，每个部分各有特色，又通过流动的溪水巧妙地串联起来，形成一幅和谐统一的整体。画面的核心聚焦在精心刻画的水碓磨坊上。画作中只见流水潺潺，水碓转动间尽显生机，水声与磨声交织成曲，仿佛能听见它们低吟浅唱。磨坊中的劳动者们形态各异，有的匆匆忙忙来回奔走，有的全神贯注操作着水磨，还有的则相互交谈，欢声笑语不绝于耳。他们的言行举止都栩栩如生，仿佛走出了画卷，来到观者眼前，展现出一幅井然有序、真实鲜活的劳动画面。

一、竹席顶篷

图中清晰可见四辆牛车，每辆牛车均配备有竹席顶篷（图4.47），这种设计使牛车具备遮阳避雨的功能。车内设有专用于拉货的大竹筐等竹制器具，这些竹筐结构坚固，容量大，便于装载和运输各类货物。

图4.46　元　佚名《民物熙乐图轴》绢本设色

图4.47

图4.47 《民物熙乐图轴》中的竹席顶篷

二、竹斗笠和大竹筐

值得注意的是，车顶篷上还摆放着竹斗笠和另一个特殊设计的大竹筐（图4.48），竹筐为敞口圆底结构，底部并非平底设计，因此无法直接平放在地面上，这种造型暗示着该竹筐需要两人合力用手抬举，以便装卸货物。在牛车内部，同样放置着圆口大竹筐，这些竹筐的容量同样惊人，很可能是用来固定和存放货物的。在中间牛车的尾部，还可以看到一个带有盖子、圆头设计的长方形大竹箱，以及另一个无盖的长方形竹筐，内装货物。这些大竹箱和竹筐无疑是牛车上不可或缺的装货、运货工具。这些竹筐制作工艺精湛，造型优美，与《清明上河图》中所描绘的竹筐颇为相似。

图4.48 《民物熙乐图轴》中的竹筐和竹斗笠

第五章

仕女画中的竹器

仕女画宛如一扇通向历史深处的窗户，透过画面上细腻的笔触和绚丽的色彩，我们不仅能领略到古代女子的婉约风姿，还能发现其中蕴含的丰富文化元素，竹器便是其中饶有韵味的一部分。

在诸多古代仕女画中，竹器以其独特的形态和功能频繁出现。竹篮，常被仕女们挽于臂弯，或精致小巧，编织细密，用于盛放鲜花香果；或朴实无华，用来装载针线织物。其造型或圆或方，线条流畅自然，尽显竹材的柔韧与坚韧。竹扇也是常见之物，有的仕女轻摇竹扇，姿态优雅，扇面或绘有山水花鸟，或题有诗词佳句，扇骨以精心挑选的竹子制成，光滑圆润，透露出自然的光泽。竹椅，置于庭院中，仕女闲坐其上，或读书刺绣，或赏景沉思。竹椅的设计注重人体工学，靠背与扶手的弧度恰到好处，展现出古人在生活中的巧思。

这些竹器的存在，不仅是实用之物，更是艺术表达的重要元素。它们的线条简洁流畅，与仕女们婀娜的身姿相得益彰，共同构成了画面优美的韵律。其材质的天然质感，为画面增添了一份清新素雅的气息。古代仕女画中的竹器，是实用与艺术的完美融合，是古代文化与审美观念的生动体现，它们以独特的魅力，引领我们穿越时空，感受古代社会的精致与优雅。

第一节　宫中美人图

一、《宫乐图》

《宫乐图》（图5.1）为晚唐时期的杰作，细致入微地描绘了后宫嫔妃十人环坐巨型方桌，共同品味香茗、玩味酒令的闲适场景，为我们提供了一窥唐代宫廷生活的宝贵视角。

图5.1　唐　佚名《宫乐图》绢本设色

　　画中的宫女们围坐的大桌，其架构支撑部分明显为木质材质，展现了唐代
木工技艺的精湛。关于桌面的材质，通常而言，竹席、藤席或芦苇席等材质，
都有可能被用于制作此类宫廷用桌的桌面。芦苇席虽然轻便，但因其质地较为
脆弱，且难以体现宫廷家具的庄重与尊贵，故在此画作中使用的可能性较低。
竹席，作为我国历史悠久的传统材料，不仅坚韧耐用，更有着天然的清雅之
韵，非常符合宫廷的审美需求。此外，据北宋欧阳修《新唐书·地理志》记载：
"广州南海郡，中都督府。土贡：银、藤簟、竹席、荔支、皮、鳖甲、蚺蛇胆、
石斛、沈香、甲香、詹糖香。"[1]唐代的广州、南海郡已向朝廷进贡藤簟，表明
藤席在唐代已得到广泛使用。藤席、竹席等物品作为地方贡品，皇宫内采用这
些材料制作桌面的可能性极高。综合考量上述因素，虽然唐代桌面使用藤席的
实例并不罕见，但相对而言，竹席因其独特的魅力和广泛的适用性，更可能是

---

[1] 欧阳修：《新唐书》志第三十三《地理七》，许嘉璐、安平秋、黄永年编，汉语大词典出版社，2004，第881页。

《宫乐图》中桌面使用的材质。因此，我们可以合理推断，《宫乐图》中的桌面（图5.2），从结构到材质，均体现了唐代宫廷文化的精致与独特。

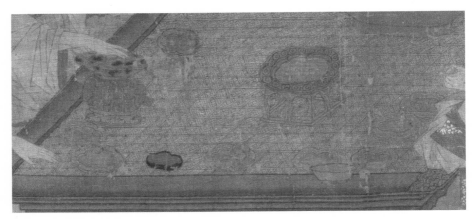

图5.2 《宫乐图》中的桌面

在《宫乐图》中，四位演奏者分别持有筚篥、琵琶、古筝和笙等乐器（图5.3），她们负责吹奏音乐以增添欢乐氛围，生动地展现了唐代宫廷的生活场景。相传，竹乐器始于竹乐，竹子燃烧时，竹节内空气膨胀，冲破竹筒，发出响声，形成了简单的原始音乐。《吕氏春秋》中记载"昔黄帝令伶伦作为律"[1]，充分说明用竹子做乐器在新石器时代已经开始了。笙，在我国已经有了三千年的历史，也是世界上最早使用自由簧的乐器。早在商代，我国就有了笙的前身"和"，出土于殷墟的甲骨文"和"的记载。《宫乐图》中的笙表现出了合奏乐器在演奏中的重要地位，也象征着大唐这一时期兼容并蓄、中外乐器融合的风格。林谦三认为："筚篥是古代一种管乐器，也叫管子，源自古代的龟兹。"[2]筚篥曾广泛用于军中和民间，在我国各地都备受喜爱。筚篥最初由羊角和羊骨制成，后来逐渐改为竹制、芦制、木制、杨树皮制、桃树皮制、柳树皮制、象牙制、铁制、银制，其中竹制最为普遍。在唐代，筚篥由西域龟兹传入

---

① 吕不韦：《吕氏春秋》，孙建军主编，吉林文史出版社，2016，第72页。
② 林谦三：《东亚乐器考》，钱稻孙译，上海书店出版社，2013，第408页。

图5.3　《宫乐图》中的竹制乐器

内地，并逐渐盛行于中原地区，成为宫廷中主要的乐器之一。在隋唐时期的宴享活动中，胡乐演奏离不开筚篥等乐器，如龟兹乐、天竺乐、疏勒乐、安国乐和高昌乐等。这些乐器的使用丰富多样，但筚篥的竹制制作相对容易，因此成为最常见的选择。

二、《雍正十二美人图》

《雍正十二美人图》（图5.4）不仅展示了古代美人的优雅身姿，其中还有一幅更细致地描绘了一件湘妃竹椅（图5.5），这件竹椅的设计独特，富有创新，充分展示了古代工匠的卓越技艺和深厚的美学造诣。画中还有一张用湘妃竹精心制作的竹桌（图5.6）。这张桌子不仅是一件实用的家具，更是传统工艺与简约之美完美结合的典范。从材料的选择上，湘妃竹以其独特的纹理和优雅的色泽成为制作竹桌的理想之选。

画中竹椅的椅面设计非比寻常，没有采用传统的方形设计，而是巧妙地使用了不等长的六边形。这种形状不仅突破了常规，同时增添了一份动态之美，

图5.4　清　佚名　《雍正十二美人图》　绢本设色

图5.5 《雍正十二美人图》中的竹椅　　　　　图5.6 《雍正十二美人图》中的竹桌

使整个椅子看起来更加活泼生动。此外，椅面的独特设计，也巧妙地增加了椅子的稳定性和承重能力，使椅子既美观又实用。竹椅的扶手与靠背设计更是别出心裁。三层五立面的设置，既保证了椅子的舒适性，又赋予了椅子丰富的层次感。较低的扶手和靠背最高处中间的折线结构，不仅使椅子的造型更加独特，同时符合人体工学，使坐在上面的人能够得到更好的支撑和舒适度。再来看椅腿的设计，它并不是常规的四根，而是六根。这种设计不仅增强了椅子的稳定性，也使椅子看起来更加坚固耐用。

　　与传统的竹桌相比，这张竹桌在结构上也有所创新。传统的竹桌往往是在竹面上使用木质材料制作，而这张竹桌则完全采用竹材制作，展现出竹子本身的魅力和工艺的独特性。值得注意的是，这张竹桌的桌腿设计尤其特别。每根桌腿使用四根湘妃竹组合在一起，既增加了桌子的稳固性，又使桌腿呈现独特的美感。

　　《雍正十二美人图》中还有一件独特而别致的墙上竹架（图5.7）。竹架融合了艺术性和实用性，成为竹家具中的瑰宝。在古代绘画资料中，墙上竹架的形象并不多见，这使它在艺术史上显得尤为珍贵。画中的竹架设计巧妙，至

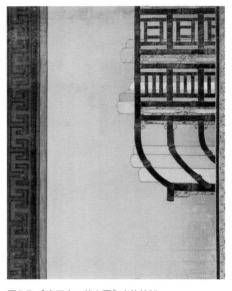

图5.7 《雍正十二美人图》中的竹架

少有三层，每一层都展现出独特的美感。最下层呈现出弯曲内收的造型，犹如一朵含苞待放的花朵，充满了曲线之美。画中还可见到侧面有三根竖向竹竿，可以推测侧面可能使用了四根竖向竹竿，这样的设计不仅稳固了竹架的结构，还为其增添了几分立体感。在竹材的选择上，画家以紫竹为描绘对象。紫竹在古代文化中有着深厚的底蕴，因此使用紫竹制作的竹器不仅具有实用价值，还寓意吉祥和纯洁。竹架的第一层和第二层侧面使用了简洁的矩形图案进行装饰，既突出了竹材的质感，又使整个竹架显得更为精致。从清代遗留的实物资料来看，竹架在清代已经得到了广泛的应用。

在清代竹制家具中，还有一种大型竹器——竹制隔断，它一般用于隔开室内或室外的空间，以形成丰富的室内和室外空间效果。画中描绘了一个带有八边形窗的竹制隔断（图5.8）。这一设计不仅展示了竹制家具的实用性，更体现了其艺术价值。画中竹制隔断采用了双层竹架结构，不仅稳固耐用，而且具有良好的承重能力。在竹架上，使用了米字格加固结构，使整个隔断更加牢固。所有结构都采用竹竿制作，形成了一个纯竹材结构的大型隔断，充分利用了竹材的韧性和轻便性，使隔断在视觉上呈现出一种自然

图5.8 《雍正十二美人图》中的竹制隔断

质朴的美感。在功能上，竹制隔断可能用于分隔蔓延的锦簇花团，同时可以作为花架使用，兼具实用性和美观性，这种设计不仅符合古人对室内空间布局的讲究，也体现了他们对自然美的追求。从工艺角度来看，清代竹制隔断的制作并没有技术上的困难。然而，就古代大型竹器而言，这种带八边形开口造型的竹制隔断设计确实别具一格。

《雍正十二美人图》中出现的竹坐墩由斑竹制成（图5.9），座面铺设着鲜艳的红色织物，为其增添了一抹亮色。座面下方，两根竹材巧妙地弯折成束腰，中间以藤条进行绑扎，不仅增强了稳固性，也展示了工匠的高超技艺。支撑部分是一个竹制环状结构，这一结构在竹坐墩中极为传统，被称为"开光"。因此，这一坐墩也获得了"五开光竹坐墩"[1]的美称。开光结构下连接的是下墩圈，它与明式家具中的"托泥"结构颇为相似，这种结构在花几等家具中屡见不鲜，或许在某种程度上受到了竹坐墩的启发。这也体现了竹木家具之间的相互借鉴与融合。

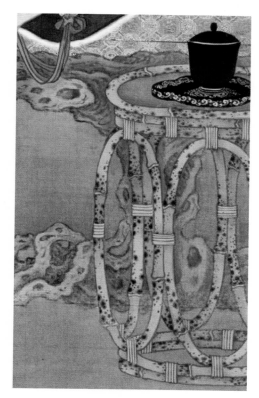

图5.9 《雍正十二美人图》中的竹坐墩

三、《合乐图》

《合乐图》（图5.10）是一幅珍贵的绘画作品，出自著名画家周文矩之手。这幅画作不仅生动地描绘了五代南唐时期人们的音乐生活，

---

[1] 王世襄：《明式家具研究》，北京：生活·读书·新知三联书店，2008，第32页。

图5.10　五代南唐　周文矩　《合乐图》　绢本设色　芝加哥艺术学院藏

同时展示了当时的部分乐器风貌。在《合乐图》中，竹制乐器（图5.11）占据了显著的位置，其中笙、笛和筚篥三种乐器尤为引人注目。这些乐器的造型精致，线条流畅，充分展现了唐代乐器的独特韵味。值得一提的是，这些乐器与唐代另一幅著名画作《宫乐图》中的乐器造型相同，说明在五代时期，乐器的制作技艺和风格并未发生明显的变化。

图5.11　《合乐图》中出现的竹制乐器

　　通过《合乐图》中对乐器的描绘，可以窥见五代时期音乐的繁荣与多样。这些竹制乐器以其独特的音色和表现力，为那个时代的音乐生活增添了无尽的魅力。

四、《汉宫春晓图》

《汉宫春晓图》（后简称仇英本）是明代画家仇英创作的一幅仕女画，绢本设色，纵30.6厘米、横574.1厘米（图5.12），画卷以手卷的形式缓缓向左展开，以其细腻入微的笔触、丰富绚丽的色彩和生动鲜活的场景，展现了汉代宫廷生活的繁华与旖旎。在这幅宏伟的画作中，竹器作为其中的一部分，虽不张扬，却蕴含着独特的魅力和深厚的文化内涵。

图5.12 明 仇英 《汉宫春晓图》 绢本设色

画卷中的竹器种类繁多、形态各异。首先映入眼帘的是精致的竹篮，它们或小巧玲珑，或造型别致、其编织工艺堪称一绝，细密而规整的竹条交织在一起，形成了富有韵律感的图案。有的竹篮用于装放宫女们采摘的鲜花，鲜嫩的花朵与质朴的竹篮相互映衬，展现出自然与人工之美的和谐统一；有的则装满了瓜果，为宫廷的生活增添了一抹浓郁的生活气息。

其次，竹制的扇子在画面中也颇为引人注目。这些扇子造型优美，扇骨线条流畅，扇面或素净典雅，或绘有精美的图案。宫女们手持竹扇，或轻摇以消暑纳凉，或半掩面容，增添了一份含蓄与娇羞之美。其精湛的制作工艺和优雅的形态，表明竹扇不仅是实用的工具，更是一件艺术品。

最后，还有竹制的桌椅。竹椅的设计巧妙，贴合人体曲线，是舒适与美观的

图5.13 《汉宫春晓图》中的竹藤制坐墩

完美结合。竹桌的桌面平整光滑，桌腿坚实稳固，其上摆放着书籍、茶具等物品，营造出一种宁静而高雅的氛围。于宫殿一隅，左右两侧各陈设着一款竹藤制坐墩（图5.13）。图中两款坐墩的摆放与室内其他陈设相得益彰，既凸显了宫廷的华贵气质，又不失雅致。从它们的造型与布局中，不难发现明代坐墩在功能上的转变。相较于古代坐墩所承载的熏香与取暖作用，明代的坐墩在材质与结构上更加注重轻便与舒适，便于搬动与携带。与此同时，明代坐墩也迎合了当时人们的审美需求。其简约而不失典雅的外观设计，不仅为室内空间增添了一抹亮色，更成了装饰的一部分，展现了明人对于生活品质的追求。这些坐墩甚至被赋予了更多功能，如作为小憩之处或待客之座，拓展了其使用场景。

从艺术表现的角度来看，仇英对于竹器的描绘极为精细。他通过细腻的线条和微妙的色彩变化，生动地表现出竹子的纹理和质感。竹器的光影效果也被处理得恰到好处，使其在画面中呈现出立体感和真实感。

仇英《汉宫春晓图》中的竹器，以其独特的艺术魅力和丰富的文化内涵，为我们打开了一扇了解古代宫廷生活和文化的窗口，它们不仅是画作中的装饰元素，更是承载着历史、文化和艺术价值的重要符号。

第二节　仕女图

一、《斜倚薰笼图》

薰笼是一种古代用于熏衣的工具，通常被视为上层社会精致生活的象征。薰笼的历史很长，早在战国时期就已经出现。西汉时期马王堆墓出土的竹薰

罩、彩绘陶熏炉，是现存最早的炉、
罩成套的熏香用具之一。其形制大致
类似于一个开口的竹笼，可以罩在香
炉或炭盆外部。在熏笼内放置炭火香
丸，通过燃烧产生的烟雾来取暖和熏
烤衣物。宋代洪刍《香谱》中记载：
"'熏香'一条即言，凡欲熏衣，置
热汤于笼下，衣覆其上，使之沾润。
取去，别以炉爇香。熏毕，叠衣入箧
笥隔宿，衣之余香，数日不歇。"[1]首
先需要将热水放置在熏笼下方，然后
将待熏衣物覆盖在熏笼上方，以确保
热气能够充分渗透，使香气得以渗入
衣物内部，难以散去。熏笼通常在特
定的场景下使用，如婚礼、重要宴会
或者其他庄重场合。在这些场合，人
们会精心挑选高质量的香料和衣物，
通过熏笼的熏烤过程，使衣物散发出
持久的香气，从而展现出主人的品位
和地位。经过熏烤后的衣物，需要将
其叠好并放入竹制小箱数日以便让
香气完全融入其中，使其味道更加
持久。

《斜倚薰笼图》（图 5.14）是陈洪

图 5.14 明 陈洪绶 《斜倚薰笼图》 绫本设色

---

[1] 洪刍：《香谱（外四种）》，田渊整理校点，上海书店出版社，2018，第 3 页。

绶的仕女画代表作，画中，仕女身着长衫于木榻上，斜倚竹薰笼（图5.15），
笼内是鸭形铜炉。这件薰笼器型较大，采用"米"字形编制手法，下沿包边，
较为牢固可供倚靠，可与唐代白居易诗作《后宫词》中"红颜未老恩先断，斜
倚薰笼坐到明"的意象对应。抬头右上方，一只鹦鹉高悬架上，架旁有一木根
矮几，几上铜瓶中插一支盛开的木芙蓉，侍女则低头注视榻前小儿扑蝶。图中
人物、珍禽、花卉、器物，刻画入微，充满了动感。

图5.15 《斜倚薰笼图》中的竹制薰笼

二、《仕女图》

在任仁发的《仕女图》（图5.16）中，作者以极其细腻的笔触刻画了一个
竹篮（图5.17），展现了艺术家对日常物品精微观察与自身的高超表现力。此
竹篮采用了传统的三角编技法，这一技艺要求工匠具备高度的耐心与精确度，
每一条竹篾都经过精心挑选与巧妙编织，既保证了结构的稳固，又赋予了竹篮
独特的纹理美感。篮身与提梁的线条流畅地交织在一起，共同构成了一个优雅
的椭圆形轮。篮内精心摆放了两个笊篱，作为画面中的点睛之笔，进一步增添

图5.16　元　任仁发《仕女图》

图5.17《仕女图》中的竹篮和笊篱

了生活的真实感与画面的层次感。笊篱的形态清晰可辨，细密的竹篾编织透露出它们轻巧而实用的特点（图5.17）。

三、《宋高宗书女孝经马和之补图》

《女孝经图》是以《女孝经》为题材来进行创作，流行于唐宋之间。关于《女孝经图》的记载十分丰富，许多画家都创作过该题材的作品，如唐代画家阎立本、南宋画家马远以及马和之等。但目前能看到的流传至今的只有三幅作品，其一是收藏于故宫博物院中的《女孝经图》卷，其二是收藏于台北故宫博物院中的《宋高宗书女孝经马和之补图》卷（图5.18），其三是收藏于刘海粟美术馆中的四幅《女孝经》插图。

图中描绘的方形竹筐（图5.19），在当时是用于蚕织生产的竹器。

图5.18

图5.18　宋　赵构，马和之 《宋高宗书女孝经马和之补图》 绢本

图5.19 《宋高宗书女孝经马和之补图》中的方形竹筐

第六章

古代壁画中的竹器

中国古代壁画，作为历史文化的珍贵遗产，犹如一幅幅绚丽多彩的历史长卷，生动地展现了古代社会生活的方方面面。其中，竹器作为常见的绘画元素频繁出现，承载着丰富的文化内涵和独特的艺术价值。竹器在中国古代社会中有着广泛的应用，其身影在壁画中屡见不鲜。从先秦时期的墓室壁画，到秦汉唐宋元明清的宗教壁画和墓室壁画，竹器始终占据着一席之地。这些壁画中的竹器种类繁多，形态各异。竹篮通常以精细的编织工艺呈现，或大或小，或深或浅，有的用于盛放蔬果，有的用于收纳杂物，展现出其实用的一面；竹席则以整齐的纹理和舒展的姿态出现，或铺设于床榻之上，或用于户外休憩之地，给人以清凉舒适之感。

壁画中的竹器还反映了当时的社会经济状况和民俗风情。在农业社会中，竹器的广泛使用反映了竹子资源的丰富和竹编技艺的普及。不同地区、不同阶层使用的竹器在样式和工艺上的差异，也反映了社会的等级差异和地域特色。

中国古代壁画中的竹器，是实用与艺术的完美结合，是文化与历史的生动见证，它们不仅展示了古代精湛的竹器制作工艺和独特的艺术魅力，更让观者深入了解了古代社会的生活方式、审美观念和价值取向。通过对这些竹器的研究和欣赏，人们能够更好地传承和弘扬中华民族优秀的传统文化，感受历史的厚重与文化的博大精深。

第一节　隋唐时期敦煌壁画中的竹器

敦煌壁画，这座穿越千年时空的艺术宝库，以其宏大的规模、丰富的题材和绚丽的色彩，向世人展现了古代中国多元而璀璨的文化景象。在无数令人叹为观止的壁画画面中，竹器以其独特的姿态和丰富的内涵，为敦煌壁画增添了一抹别样的韵味。

竹器在敦煌壁画中的出现并非偶然，而是与当时的社会生活、文化传统以及艺术表达紧密相连。竹子，作为一种在中国大地上广泛生长的植物，以其坚韧的质地和灵活的特性，成为人们制作各类器具的优质材料。

在敦煌壁画中，竹篮是常见的竹器之一，它们形态各异，有的小巧精致，有的硕大而实用。竹篮的编织工艺精湛，细密的竹条相互交织，形成规则且美观的图案。这些竹篮或被用于盛装供品，以供奉祖先或宗教信仰；或被人们用于日常生活，承载着瓜果蔬菜等物品，展现出世俗生活的烟火气息。

竹席也是壁画中频繁出现的元素，通常被铺陈在佛座下、禅房中，或是人们休憩的场所。竹席的纹理细腻而整齐，仿佛能让人感受到其表现出的规整与舒适。在艺术表现上，画家通过对竹席线条的巧妙描绘，营造出一种宁静平和的氛围，为画面增添了一份静谧之美。

此外，还有竹制的乐器在壁画中奏响着古老的旋律。竹笛、笙箫等乐器以其优雅的形态和独特的音色，成为世俗娱乐中不可或缺的部分。它们不仅是音乐的载体，更是文化交流与融合的见证。

敦煌壁画中的竹器承载着深刻的象征意义。竹子在中国传统文化中一直被视为君子的象征，代表着正直、坚韧、谦逊等高尚品质。因此，壁画中出现的竹器，或许不仅是对现实生活的简单描绘，更是对这些美好品德的歌颂与追求。同时，竹器的存在也反映了当时社会的经济状况和手工艺水平。制作精良的竹器表明了当时竹编工艺的成熟与发达，以及竹子在人们日常生活和生产中的重要地位。

从艺术价值的层面来审视，敦煌壁画中的竹器为整个画面构图和色彩运用增添了丰富的层次感。竹器的自然色泽与壁画中的其他色彩相互映衬，形成了和谐而美妙的视觉效果。竹器的绘制线条流畅且刚柔并济，与人物形象和建筑图案相得益彰，共同构成了精美绝伦的艺术画卷。

敦煌壁画中的竹器是古代文化、艺术与生活的有机融合，它们以独特的艺术形式和深厚的文化内涵，为人们打开了一扇了解古代社会的窗口。这些竹器不仅是历史的见证，更是人类智慧和创造力的结晶，值得我们不断地去探索、研究和传承。

1.榆林窟第25窟　北壁弥勒经变

竹制农具在敦煌壁画中的出现，反映了古代劳动人民对竹子这一自然资源的巧妙利用。竹子因其坚韧的质地、轻便的特性以及易于获取和加工的优点，成为制作农具的理想材料。在壁画中，常见的竹制农具有竹耙，其形状通常为长柄配上多齿的头部，齿部细密且排列均匀。农民们用竹耙来平整土地、梳理农作物，或是收集散落的干草和杂物。壁画中描绘的竹耙，线条流畅，其简洁而实用的设计尽显古人的智慧。

竹篓也是频繁出现的竹制农具之一，它们形态多样，有圆形、方形等，篓身编织紧密，结实耐用。竹篓常被用于盛装种子、果实和农产品，方便运输和储存。在画面中，农民们背着装满收获的竹篓，脸上洋溢着丰收的喜悦，生动地展现了劳动的成果。此外还有竹筛，其由细密的竹条编织而成，网眼均匀。竹筛在粮食加工和筛选过程中发挥着重要作用，它能够有效地分离出杂质和不同大小的颗粒。壁画中展现的竹筛，不仅是一种实用工具，更是古代农业精细化生产的见证。敦煌壁画中的竹制农具，不只是简单的劳动工具，更是古代农业文明的重要组成部分。壁画中对竹制农具的描绘，反映了当时农业生产的高度发展和精细分工。

从艺术表现的角度来看，壁画中对竹制农具的刻画细腻而生动。通过线条的勾勒和色彩的渲染，竹材的纹理和质感被逼真地呈现出来，使观者能够感受到竹子的柔韧特性。同时，这些农具与劳动场景的融合，营造出了充满生活气息和劳动美感的画面，让我们对古代农民的辛勤劳作有了更为直观和深刻的认识。

从文化内涵的角度而言，竹制农具在敦煌壁画中的存在，体现了古代人民对自然的敬畏与顺应以及对劳动的尊重和热爱。竹子作为一种自然材料，经过人们的巧手加工，成为助力农业生产的重要工具，这一过程彰显了人与自然和谐共生的理念。同时，农民们使用竹制农具辛勤耕耘的场景，也传递出了劳动创造美好生活的价值观念。

榆林窟第25窟北壁的弥勒经变（图6.1）是敦煌壁画中罕见地展现了唐代农耕生产场景的一幅画作，被誉为唐代的《耕种图》。自宋代起，这幅壁画一直作为农耕时代的生产指导图卷流传至清代。在弥勒经变之耕种图的画面中（图6.2），一位男子头戴斗笠，身着长袍，双手紧握犁把，正在辛勤地犁地。两头健壮的耕牛，一黑一黄，默契地拉动着木犁在土地上留下深深的痕迹。这种耕作方式，正是中国传统农业中常见的"二牛抬扛"农作方式。男子身后，一名妇女正在播种，她将种子细致地撒向犁过的田地。旁边，一名男子正挥舞

图6.1　北壁弥勒经变（局部）❶（榆林窟第25窟）

---

❶ 李其琼：《中国敦煌壁画全集7：敦煌中唐》，天津人民美术出版社，2006，第74页。

图6.2　弥勒经变之耕种图

镰刀，收割成熟的庄稼，展现着收获的喜悦。不远处，另一位男子手持扬叉，将粮食与杂物分离，妇女则用扫把清理麦堆上的麦草。

　　这幅壁画虽然历经岁月，部分色彩已褪去，部分形象仅余轮廓，但依旧能从中窥见古代生产生活的面貌。在画面中还能发现一些竹器的身影，如壁画中的两顶斗笠虽未细致描绘，但斗笠作为古代常见的遮阳工具，使用历史悠久，《说文解字》中已有相关记载。竹制斗笠因其轻便耐用的特性，在全国范围内广泛使用，画中的斗笠很可能是当时竹制斗笠的一种体现。画面中的扬谷工具虽难以辨认材质，但根据历史文献记载，唐代已普遍使用类似的竹制扬谷工具。在稍晚的晚唐壁画《耕种图》中，还出现了"连枷"❶的形象。连枷，也写作连耞，作为一种木质的脱粒工具，主要用来打场，是一种比较常用的农具。王祯《农书·农桑通诀集之六·连耞》记载了连耞的制作方法和工作方式，

---

❶ 王祯：《东鲁王氏农书译注》，缪启愉、缪桂龙译注，上海古籍出版社，2008，第464页。

描述为："用木条四茎，以生革编之，长可三尺，阔可四尺。又有以独梃为之者。皆于长木柄头造为环轴，举而转之，以扑禾也。"[1]这种工具既有木制，也有竹制，但无论材质如何，都反映了连枷在当时的普及程度。

综上所述，敦煌壁画中的竹制农具是古代农业生产和艺术创作的完美结合，它们不仅为人们提供了了解古代农业技术和劳动生活的珍贵资料，更能让人们感受到古代劳动人民的勤劳智慧和对美好生活的不懈追求。这些竹制农具所承载的历史、文化和艺术价值，将永远闪耀在敦煌壁画的艺术殿堂中，为后人所敬仰和传承。

2.莫高窟第154窟北壁　报恩经变

唐代壁画生动地描绘了唐代壁画中竹制乐器的特点。唐代壁画以其精湛的技艺和丰富的内涵，呈现出了在当时竹制乐器的独特魅力。这些壁画不仅捕捉了竹制乐器的形态特点，更是将其融入浓郁的历史氛围中，使观者能够穿越时空，亲临那个音乐繁荣的时代。唐代竹制乐器的发展与魏晋南北朝时期有着密切的渊源关系，前者是后者的承接，既有古韵，又焕发着新的生机。在莫高窟第154窟北壁的报恩经变部分中（图6.3），可以了解唐代乐器组合的固定模式。画面中的排箫、竹笛、笙、筚篥等竹制乐器，形态各异，各具特色，其

图6.3　莫高窟第154窟北壁报恩经变部分[2]中出现的竹制乐器

---

[1] 王祯:《东鲁王氏农书译注》，缪启愉、缪桂龙译注，上海古籍出版社，2008，第464页。
[2] 李其琼:《中国敦煌壁画全集7：敦煌中唐》，天津人民美术出版社，2006，第134页。

组合排列犹如一首优美的乐章，在壁画中奏响。

排箫由多根长短不一的竹管排列而成。壁画中的排箫，竹管粗细均匀，排列整齐，乐伎吹奏时，其优美的姿态和悠扬的乐声仿佛穿越时空，萦绕在观者耳畔。排箫的音色空灵而悠远，能够营造出一种宁静而神秘的氛围，常被用于宫廷宴乐和宗教仪式中，象征着和谐与美好。

竹笛也是常见的竹乐器之一。其形制简洁，线条流畅，乐伎手持竹笛，轻轻吹奏，清脆悦耳的声音仿佛能驱散尘世的烦恼。竹笛的音色明亮而灵动，具有很强的表现力，能够传达出欢快、悲伤等各种情感，是民间音乐和文人雅集中不可或缺的乐器。

笙这一古老的竹制乐器在壁画中也有精彩的呈现。笙的构造复杂，由多个竹管和笙斗组成。在乐伎的演奏下，笙发出的声音柔和而丰满，富有层次感。笙常被用于合奏，能够与其他乐器和谐共鸣，为音乐增添丰富的和声效果，体现了唐代音乐的高度发展和融合。

箜篌这一竹制弹弦乐器在壁画中更是引人注目。其造型优美，音色清澈纯净，既能表现出宏大的场面，又能细腻地抒发内心的情感。在唐代的音乐舞台上，箜篌占据着重要的地位，展现了当时社会对高雅艺术的追求。

这些竹制乐器在敦煌唐代壁画中的出现并非偶然，它们反映了唐代音乐文化的繁荣与昌盛，以及竹子在乐器制作中的重要地位。竹子作为一种天然材料，具有轻便、坚韧、音色动听、共鸣效果良好等特点，为乐器的制作提供了优质的原料。同时，这些壁画中的竹乐器也体现了唐代社会的多元融合。当时，中原文化与西域文化相互交流，音乐艺术也在这种交流中不断发展创新。竹乐器的广泛应用和多样形式，正是这种文化融合的生动写照。

敦煌唐代壁画中的竹制乐器，不仅是艺术的瑰宝，更是历史的见证。它们让我们领略到了唐代音乐的魅力，感受到当时的文化底蕴和精神风貌。通过对这些竹乐器的研究和欣赏，我们能够更好地传承和弘扬中华优秀传统文化，让这些古老的艺术在现代社会中焕发出新的生机与活力。

3. 莫高窟第 202 窟南壁梵摩波提回宫

肩舆，又称轿子，是一种由人抬行的交通工具。在敦煌壁画中，肩舆的形象多种多样，反映了不同时期、不同阶层的使用情况和风格特点。从外形上看，敦煌壁画中的肩舆通常有一个长方形或椭圆形的轿厢，厢体结构精致，有的装饰华丽，雕刻着精美的图案和花纹；有的较为简洁，注重实用功能。轿厢的四周多有围栏或帷幔，以保护乘坐者的隐私和安全。肩舆的抬杆一般为两根或四根，由壮实的轿夫肩扛而行。

在使用阶层方面，肩舆最初多为达官贵人、高僧大德等社会上层人物所乘坐。这些人的肩舆往往装饰豪华，彰显出其尊贵身份和崇高地位。如一些佛教题材的壁画中，高僧乘坐着华丽的肩舆出行，以示其备受尊崇。随着时间的推移，肩舆的使用范围逐渐扩大，一些富裕的平民也开始使用较为简单的肩舆。

在与肩舆的结合中，竹子可以作为肩舆的框架、扶手或装饰部分。用竹子制作的肩舆部件更加轻巧，也能展现出一定的自然美感和工艺特色。此外，在文化内涵方面，肩舆代表着一定的社会等级和礼仪规范，而竹子常被视为高雅、坚韧和正直的象征。当竹子用于肩舆时，为其增添了一份独特的文化韵味。

从文化内涵的角度来看，敦煌壁画中的肩舆不仅是一种交通工具，更蕴含着丰富的象征意义。它体现了社会的等级制度和礼仪规范，反映了当时人们对于身份地位的重视和追求。同时，肩舆的出现也与宗教信仰和文化交流密切相关。在佛教文化中，肩舆常常被视为神圣的象征，与佛法的传播和高僧的弘法活动相联系。此外，通过丝绸之路的文化交流，肩舆的形制和装饰风格也受到了周边地区文化的影响，呈现出多元融合的特点。

从艺术表现的角度而言，敦煌壁画中的肩舆为画面增添了动态感和节奏感。轿夫们或稳健前行，或奋力抬举，其姿态和神情栩栩如生。肩舆与周围的人物、建筑和风景相互映衬，构成了一幅生动而和谐的场景。画家们通过细腻的线条、鲜艳的色彩和巧妙的构图，将肩舆这一主题表现得淋漓尽致，展现了高超的艺术技巧和丰富的想象力。

敦煌壁画中的肩舆是研究古代社会生活、文化交流和艺术发展的重要实物资料，不仅能让我们了解到古代交通方式的演变和发展，更能让我们感受到当时的文化风貌和审美情趣。

在莫高窟第202窟南壁中描绘了梵摩波提回宫的情形（图6.4），其中的肩舆造型是中唐时期的。壁画中是一个正在被使用的肩舆，彼时的肩舆由四人抬着，其造型和结构清晰可辨（图6.5），与河南固始堆1号墓出土的肩舆相似，特别是肩舆的围合结构，同河南固始堆1号墓出土的肩舆基本相同。由此可以推断，壁画中的肩舆也是采用类似的竹材料制作，如肩舆围合部分使用竹片制作、各构件采用竹篾丝固定、肩舆底用竹片或竹席铺垫等。该壁画为肩舆在中唐时期的使用提供了直观图像。

图6.4　莫高窟第202窟南壁梵摩波提回宫❶

---

❶ 李其琼：《中国敦煌壁画全集7：敦煌中唐》，天津人民美术出版社，2006，第12页。

图6.5　梵摩波提回宫中出现的肩舆

第二节　唐、宋墓室壁画中的竹器

一、昭陵唐墓壁画

　　昭陵唐墓壁画作为唐代艺术的杰出代表，以其细腻的笔触、生动的场景和丰富的内涵，为我们展现了当时的社会风貌和生活百态。在众多精彩绝伦的画面中，竹器以其独特的存在，为我们揭示了唐代社会的诸多方面。

　　在昭陵唐墓壁画中，竹器的种类繁多、形态各异。常见的竹篮，编织精巧、纹理细密，有的用于盛放鲜花，为墓室增添了一份生机与浪漫；有的装满了水果和食物，展现出唐代丰富的饮食文化。竹席也是频繁出现的元素之一，其编织工艺精湛，线条流畅，常常铺设在床榻上，暗示着墓主人生前对舒适生活的追求。竹制的屏风在壁画中显得格外引人注目，其框架由竹子制成，屏面上绘制着精美的图案，或山水或人物或花鸟，不仅起到了分隔空间的作用，更成为室内装饰的重要组成部分，彰显了唐代贵族对生活品质的追求。此外还有竹制的乐器，如竹笛和笙。它们在壁画中的形象，仿佛能让观者听到悠扬的乐声，反映出唐代音乐文化的繁荣。

幂䍦是一种古老而独特的帽饰，最早出现于晋代，然而，由于古代服饰的保存难度极大，幂䍦的形象长期鲜为人知。其名称的组合最早可见于晋代文献，《晋书·四夷传》在描述吐谷浑男子服饰时提及"其男子通服长裙，帽或幂䍦"❶。隋代时，幂䍦开始在吐谷浑的上层社会中流行，主要为男性所穿戴。至唐初，这种帽饰更是风靡一时，然而到了唐代以后，便逐渐淡出历史舞台，不再为人所使用。

昭陵墓前室北壁西侧室，出土了一幅珍贵的捧幂䍦女侍图（图6.6）。从图中可见，侍女双臂前伸，手中捧着一顶呈钵形的黑色圆帽，这顶帽子的帽檐由丝织物制成，自然地打结下垂至女侍的腿部。尽管历经千年，帽檐上的丝织物依然保持着其原始的形态，弯曲而富有弹性。根据幂䍦"障蔽全身"的独特特性，可以断定这顶帽子正是唐初时流行的幂䍦。在昭陵唐墓壁画中，幂䍦的绘制精细入微，展现出其独特的美感。从制作原理来看，如此精细的帽子显然不是用一般材料所编织出来的。相较于草编或柳编，竹编似乎更为适合制作这种精细的帽饰。此外，考虑到这是

图6.6 昭陵唐墓壁画中出现的幂䍦❷

---

❶ 房玄龄等：《晋书》卷九十七《四夷传》，中华书局，1996，第2538页。
❷ 张志攀：《昭陵唐墓壁画》，文物出版社，2006，第150页。

皇妃的用品，使用竹编材料不仅方便，也更符合其尊贵的身份。在羃䍦帽子与巾帛的连接处，似乎采用了双层竹片夹住的设计，既牢固又美观。至于下垂的巾帛长度则因人而异，有的长及全身，有的仅遮蔽脸部，展现出不同的风采。

昭陵唐墓的壁画（图6.7）也展示了各种不同的乐器组合。其中，与佛教"礼乐"相关的乐器组合尤为丰富。这些壁画中，竹制乐器的身影最为常见，它们或独奏，或合奏，为壁画增添了生动的音乐元素。竹制乐器在唐代壁画中的大量出现，不仅反映了当时音乐的繁荣和发展，更凸显了竹制乐器在唐代音乐中的重要地位。

图6.7　昭陵唐墓壁画中出现的竹制乐器

从艺术表现的角度来看，这些竹器在壁画中的呈现方式极具特色。画家通过细腻的线条，准确地勾勒出竹子的纹理和竹器的形状，使其栩栩如生。在色彩运用上，巧妙地运用了淡雅的色调，与壁画的整体风格相得益彰，营造出一种和谐、宁静的氛围。

从文化内涵的角度分析，竹器在昭陵唐墓壁画中的出现，不仅是对生活用品的描绘，更蕴含着深刻的文化意义，用竹子制成的器具带有一种清雅脱俗的气质。在唐代，竹器的广泛使用和精美制作，反映了当时社会对竹子所代表的文化价值的认同和追求。同时，这些竹器也反映了唐代的工艺水平和审美观念。精湛的竹编工艺展示了唐代工匠的高超技艺，而竹器的造型和装饰则体现了当时人们对美的独特理解和追求。

昭陵唐墓壁画中的竹器是唐代社会生活、文化艺术和工艺技术的生动写照。它们为我们研究唐代历史和文化提供了珍贵的视觉资料，让我们能够透过

图6.8　河南洛阳邙山宋墓壁画局部

这些精美的画面，领略当时的风采和魅力。对这些竹器的深入研究和欣赏，有助于我们更加全面地认识和理解唐代的辉煌文明。

二、河南洛阳邙山宋墓壁画

在河南洛阳邙山宋墓的壁画中（图6.8）出现的家具图，以其独特的艺术风格和丰富的文化内涵，为我们展现了宋代家具的显著特点。从造型上看，这些家具图呈现出简洁而规整的风格。线条流畅自然，没有过多的烦琐装饰，注重家具的实用性和功能性。如桌椅的轮廓简洁明快，腿部线条笔直有力，展现出一种质朴而大气的美感。在结构方面，邙山宋墓壁画中的家具表现出严谨而合理的特点。榫卯结构的运用巧妙且精确，使家具坚固耐用。同时，一些家具还展现出可折叠、可拆卸的设计，反映了当时人们对于空间利用和便捷性的考量。家具的表现虽为壁画形式，但仍能推测出其材质以木材为主。从画面中可以感受到木材的纹理和质感，展现了宋代对优质木材的选用和对木材特性的充分了解。装饰上，壁画中的家具较为素雅，没有过多的华丽雕饰，而是通过简洁的线条和局部的图案点缀来增加美感。有的在边缘处绘有简单的花纹，或是在靠背、扶手等部位进行适度的装饰，体现了宋代审美中追求的含蓄与内敛。从功能角度分析，家具种类丰富，涵盖了坐具、卧具、承具等类型，且不同家具的尺寸和比例符合人体工程学原理，反映出宋代对生活舒适度的重视。

图中竹器的形象丰富多样。竹篮以其精致的编织工艺呈现于画面中，竹条紧密交织，线条流畅自然。有的竹篮中盛满了鲜花，仿佛散发着清幽的香气，传递出对美好生活的向往与追求；有的放置着蔬果，展现了当时人们生活的富足与安宁。

对竹席的描绘同样细腻入微，其纹理清晰可辨，仿佛能让人感受到夏日的清凉与舒适。竹席或铺设于床榻之上，或随意摆放在角落，为整个画面增添了一份宁静与素雅。竹制的家具，如竹椅，也在壁画中占有一席之地，其造型简洁大方，线条简洁明快，展现了宋代简单而不失优雅的审美风格。坐在竹椅上的人物，神态悠然自得，竹椅的存在不仅为其提供了实用的休憩功能，更成了一种生活品质的象征。

这些竹器在壁画中的出现并非偶然，它们承载着深刻的文化内涵和象征意义，并传递出一种清雅脱俗的气质。在宋墓壁画中，竹器的描绘反映了宋代社会对这种文化象征的崇尚与传承。

从艺术表现的角度来看，壁画中竹器的绘制技巧精湛，色彩运用恰到好处。画家通过细腻的线条勾勒出竹器的轮廓，以淡雅的色彩渲染出竹子的质感和光泽，使竹器在画面中显得生动逼真，富有立体感。同时，竹器与周围的人物、场景相互融合，共同构成了一幅幅和谐、优美的画面，展现了宋代绘画艺术的高超水平。再者，这些竹器也为我们研究宋代的社会生活提供了珍贵的实物资料，它们反映了宋代人们的日常生活习惯、审美观念以及手工艺制作水平。通过对这些竹器的研究，我们可以更加深入地了解宋代社会的方方面面，感受当时独特的文化魅力。

　　河南洛阳邙山宋墓壁画中的竹器形象不仅是绘画艺术的杰作，更是历史文化的重要见证，它们以其独特的艺术魅力和深厚的文化内涵，为我们打开了一扇了解宋代社会的窗口，让我们得以领略那个时代的风采与韵味。

第七章

茶事书画中的竹器

第一节 《茶经》

早在汉代，就已有对茶的历史记载，西汉王褒所作《僮约》中："脍鱼炮鳖，烹茶尽具""牵犬贩鹅，武阳买茶"，这是中国有关茶文化最早的记载，但这里并没有记载专门用于饮茶的器具。中国饮茶之风在魏晋时期初具规模，但基本流行于宫廷或文人之间。《茶经》是唐代杰出茶学家陆羽的经典之作，书中记载了"比屋之饮"[1]，不仅代表了当时茶文化的最高水平，更被公认为世界上最早的介绍茶的专著。这部巨著深入挖掘了我国茶叶生产的历史脉络、发展源流、生产技术以及饮茶技艺和茶道精神等核心内容，为后世的茶文化繁荣奠定了坚实的基础。在《茶经》中，陆羽对茶叶的种植、采摘、制作、保存、品饮等方面都进行了详尽的阐述，特别是对茶叶的品质鉴别、泡制技艺和品饮感受等方面更是着墨颇多。他不仅详细记录了茶叶的种类、产地、特点和制茶工艺，还深入探讨了茶叶对人体健康的益处，为茶叶的普及和推广做出了重要贡献。

值得一提的是，陆羽《茶经》中有关于烹茶的茶事用具，在"二之具"中用到十六种工具，其中由竹所制有七种（籝、甑、芘莉、扑、贯、穿、育）。根据文中所述，不论是烘焙、烘烤或储存茶叶，都会使用竹制品，形成了一类独特的竹制茶具。陆羽在书中详细描述了这些器具的制作材料、形状构造和功能用途，让人们对唐代茶艺有了更加深入的了解。尽管《茶经》并未附带相关的图像资料以作辅助说明，但其文字描述之详尽、生动，足以让人们想象出那些精美的茶具和品茗时的场景。在陆羽笔下，这些器具不仅是工具，更是茶道精神的载体，它们与茶叶、茶艺、茶道紧密相连，共同构成了唐代独特的茶文化。在《茶经》的语境中，陆羽将用于制作茶叶的器具称作"茶之具"，将用

---

[1] 陆羽：《茶经译注（外三种）》，宋一明译注，上海古籍出版社，2017，第39页。

于品饮的器具称为"茶之器"。这种区分体现了陆羽对茶叶生产和品饮环节的细致关注。在后世的传承与发展中，人们逐渐将"具"与"器"合二为一，统称为茶具。

> "籯，一曰篮，一曰笼，一曰筥。以竹织之，受五升，或一斗、二斗、三斗者，茶人负以采茶也。"[1]

从《茶经》的原文释义中，可以了解到唐代采茶文化的细腻与精致。其中，籯作为当时常见的采茶篓，是采茶过程中不可或缺的重要工具。这种由竹子精心编织而成的籯，设计精巧，可以背在背上，极大地提升了采茶的效率和便捷性。唐代采茶活动已经形成了完备且规范的体系，这一点从籯这一采茶器具便可得到充分印证。《茶经》中记载，当时的"籯"至少有四种不同的容量规格，这意味着采茶人可以根据具体的采茶需求和场景，灵活选择使用不同大小的籯。这种多样化的规格，不仅体现了唐代采茶器具的多样性和灵活性，也进一步展示了唐代茶文化的深厚底蕴。

深入探究这些不同容量的籯，可以更加生动地想象唐代茶农在采茶过程中的各种场景：较小的籯可能适用于采摘细嫩茶叶的场合，由于其轻便且易于控制，能够确保茶叶的完整和品质；而较大的籯适用于大规模采摘，能够容纳更多的茶叶，进一步提升采茶效率。除了容量大小的不同，这些籯在设计和制作上也展现出了精湛的技艺。竹子编织而成的籯，不仅轻便耐用，而且透气性好，有利于茶叶的保存和保鲜。

> "甑，或木或瓦，匪腰而泥，篮以箄之，篾以系之。始其蒸也，入乎箄；既其熟也，出乎箄。釜涸，注于甑中。甑，不带而泥之。又以榖木枝三桠者制

---

[1] 陆羽：《茶经译注（外三种）》，宋一明译注，上海古籍出版社，2017，第8页。

之，散所蒸牙笋并叶，畏流其膏。"❶

《茶经》的原文释义中描述了甑这一蒸煮炊具的精巧设计。书中提到"匪腰而泥"，表明甑的形态并不追求过度的腰部突出，这种恰到好处的设计既注重了实用性，又体现了美观性。使用泥土将甑与釜的连接部位密封，既确保了蒸煮过程中的密封性，也使釜底的热量得以有效传递至甑内，从而提高了蒸煮效率。

与此同时，"篮以笇之"的描述揭示了甑的使用方式。通过在甑内放置一个竹编篮状炊具，使其能够有效地将食物与沸水隔开，这样既能保持食物的原汁原味，又能使蒸煮出的食物口感更加鲜美。同时，"篾以系之"说明篾条在甑中的作用，将篾条系于竹笇上，不仅方便了在甑中取放食物，还增强了甑的稳定性，从而有效避免了蒸煮过程中可能出现的意外。甑同样是一种蒸煮用的竹制炊具，据《岭表录异》记载："南海以竹为甑者，类见之矣。"❷

"芘莉，一曰蠃子，一曰篣筤。以二小竹，长三尺，躯二尺五寸，柄五寸。以篾织方眼，如圃人土罗，阔二尺，以列茶也。"❸

芘莉是一种长方形的框架，其长度近921厘米，宽度约614厘米。其宏大的尺寸设计，为容纳众多的茶饼提供了充足的空间，充分展现了古人对于茶叶存储与陈列的独到智慧。从材质上看，芘莉主要采用竹子制作而成，不仅具有轻便耐用的特性，还巧妙地与茶文化的自然、清新之气息相契合。

在制作芘莉时，需要选取两根长约921厘米的小竹条，将它们并排放置。其中，长约767.5厘米的部分作为芘莉的躯干，剩余的部分作为手柄。手柄分

❶ 陆羽：《茶经译注（外三种）》，宋一明译注，上海古籍出版社，2017，第9页。
❷ 刘恂：《岭表录异》，鲁迅校勘，广东人民出版社，1983，第16页。
❸ 陆羽：《茶经译注（外三种）》，宋一明译注，上海古籍出版社，2017，第10页。

为一头出柄和两头出柄两种方式，要根据具体的使用需求和制作工艺来决定。在躯干上，工匠们巧妙地运用竹条编织出美观大方的方形眼孔。这些眼孔不仅具有装饰效果，还能确保空气流通，对茶饼的干燥与保存起到重要作用。值得一提的是，芘莉的躯干宽度为约614厘米，这一宽度既保证了茶饼的稳定陈列，又为工匠们的编织工作提供了便利。

　　"扑，一曰鞭。以竹为之，穿茶以解茶也。"❶

　　扑，指代的是一种由竹子或竹条精心编织而成的独特工具，其核心功能在于，能够迅速且轻便地穿透茶饼，从而为茶饼在运输过程中带来极大的便利。回溯至古代，茶饼作为当时珍贵的饮品，其制作过程以及运输环节极为精细且考究。扑的诞生，不仅显著简化了茶饼搬运的烦琐过程，更凸显了古人对于茶艺细节近乎苛刻的追求和尊重。

　　"贯，削竹为之，长二尺五寸，以贯茶焙之。"❷

　　贯与扑两者在形态上虽然相似，但在实际应用上却展现出各自独特的魅力。通常，贯的长度为83.33厘米，它是一种专为茶饼穿制而设计的工具。在茶叶的烘焙过程中，为了确保茶饼能够固定在特定位置，并均匀地受热，茶农们常常会依赖贯这一重要辅助工具。通过贯，茶农们能够便捷地将茶饼穿透，稳固地安放在烘焙器具上，有效防止茶叶在烘焙过程中散落或发生形变，从而确保茶叶的品质与口感。

　　"穿，江东、淮南，剖竹为之，巴川峡山，纫榖皮为之。江东以一斤为上穿，

---

❶ 陆羽：《茶经译注（外三种）》，宋一明译注，上海古籍出版社，2017，第10页。
❷ 陆羽：《茶经译注（外三种）》，宋一明译注，上海古籍出版社，2017，第12页。

半斤为中穿，四两、五两为小穿。峡中以一百二十斤为上穿，八十斤为中穿，五十斤为小穿。字旧作钗钏之钏字，或作贯串。今则不然，如磨、扇、弹、钻、缝五字，文以平声书之，义以去声呼之，其字以穿名之。"❶

穿字具有丰富的内涵，既可以作为动词使用，也可以作为名词来理解。特别是在长江流域的中下游地区，人们习惯用竹子来进行一种特别的活动。这个活动依据所用竹子的重量不同，将其细分为"上穿""中穿"和"小穿"三种。根据唐代的计量标准，一斤约等于660克。在江东地区，上穿的竹子重量约为0.66千克，而小穿的竹子则只有0.33千克。然而，在长江三峡地区的"峡中"，情况却大相径庭，那里的上穿竹子重量高达7.92千克。这种鲜明的对比不仅体现了地域文化的差异，更显示了人们在选择和使用材料时的周到考虑。

进一步探究这种现象，可以发现其不仅停留在物质层面，更是一种深层的文化象征。在江东地区，人们更倾向于选择轻便的竹子进行穿，这可能与他们追求精致、细腻的生活态度有关。而在峡中地区，人们则偏好使用较重的竹子，这可能反映了他们粗犷、豪放的地域性格。

"育，以木制之，以竹编之，以纸糊之。中有隔，上有覆，下有床，傍有门，掩一扇。中置一器，贮塘煨火，令煴煴然。江南梅雨时，焚之以火。育者，以其藏养为名。"❷

育的概念源自《茶经》，其实质与现代茶具中的烘焙竹笼颇为相似。尽管《茶经》仅以文字勾勒了育的形态与功能，未留下具体图像，但在宋代审安老人所著的《茶具图赞》中不仅详尽阐释了烘焙竹笼的构造与用途，更辅以线描图，使后人得以感受这一古代茶器的风采。在《茶具图赞》中，育被赋予雅致

---

❶ 陆羽：《茶经译注（外三种）》，宋一明译注，上海古籍出版社，2017，第12页。
❷ 陆羽：《茶经译注（外三种）》，宋一明译注，上海古籍出版社，2017，第12页。

的名称——"韦鸿胪"。其中,"韦"字凸显了其由坚韧竹材制成的特性,而"鸿胪"则象征着执掌朝祭礼仪的机构,此命名既彰显茶器的材质之美,又暗喻茶文化与礼仪文明的紧密相连。

第二节 《茶具图赞》

《茶具图赞》不仅是中国现存最早的茶具专著,同时是首部茶具图谱,详尽介绍了十二种茶具。该书不仅细致地对宋代盛行的斗茶工具进行了分类,更以宋代官制为框架,为每种茶具赋予了"十二先生"的尊称。其中,每种茶具都配有独特的名号、赞文以及白描线图,生动展示了其特性与功能。这些赞文不仅丰富了茶具的文化内涵,还体现了中国古代待人接物、利世济人的哲理。

书中以图右文左的形式描绘韦鸿胪(茶焙笼)、木待制(茶臼)、金法曹(茶碾)、石转运(茶磨)、胡员外(茶杓)、罗枢密(茶筛)、宗从事(茶帚)、漆雕秘阁(茶托)、陶宝文(茶盏)、汤提点(汤瓶)、竺副帅(茶筅)以及司职方(茶巾)十二种茶具。其中韦鸿胪、竺副帅是竹器。韦鸿胪,名文鼎,字景旸,号四窗闲叟;竺副帅,名善调,字希点,号雪涛公子。这种将茶具与宋代官制名衔相匹配的独特思路,揭示了作者更关注器物背后的象征意义,而非单纯的物质形态。

一、韦鸿胪

韦鸿胪是一款竹制茶焙,也被称为茶笼,设计匠心独具,工艺细致入微(图7.1)。其形态以圆柱形封顶,收口之处线条流畅,仿佛含蓄内敛的文人墨客。同时运用传统的三角孔编织手法,底端与上端皆巧妙地以竹条收束,既稳固实用,又不失典雅之美。在"十二先生"这一古典茶具组合中,韦鸿胪以"韦"姓为引,承载了丰富的文化内涵。在古代,"韦"字象征着坚韧与耐久,与竹材的天然特性不谋而合,共同诠释着茶文化的恒久魅力。而"鸿胪"二

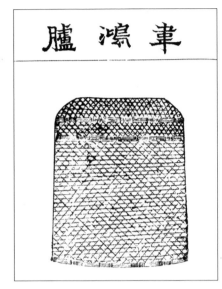

图7.1 审安老人撰《茶具图赞》中的韦鸿胪

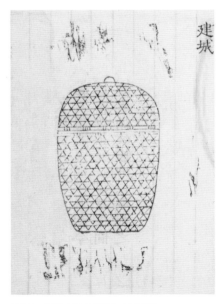

图7.2 顾元庆撰《茶谱》中的茶笼

字，更是承载着历史的厚重与文化的瑰丽。鸿胪是古时执掌朝祭礼仪的机构，代表着尊贵与庄重。"胪"与"炉"谐音相应，既凸显了韦鸿胪作为茶焙的实用功能，又暗喻着它在茶文化中的重要地位。

茶具赞文中的"火鼎"与"景旸"，为韦鸿胪赋予了生动的意象。"火鼎"象征着生火的茶炉，映射出韦鸿胪加热与烘焙的双重功能。而"景旸"则喻指茶炉的光明与温暖，象征着韦鸿胪为人们带来的舒适与愉悦。

除了《茶具图赞》中对茶笼的描述，明代顾元庆《茶谱》中也有记载："茶宜密裹，故以蒻笼盛之，宜于高阁，不宜湿气，恐失真味。古人因以用火，依时焙之。常如人体温，温则御湿润。今称建城。"[1]建城是书中茶笼的名称，从建城的画像（图7.2）可以明显看出与普通笼子的不同，顶端有一个球可作提手，用于将笼盖打开，与现代的一些竹笼相似。建城这一形象，并不仅是一个简单笼子的象征，它所蕴含的人格意象深刻而独特，代表着那些深谙

---

❶ 朱自振、沈冬梅：《中国古代茶书集成》，上海文化出版社，2010，第188页。

茶道、热爱茶文化的人士。

二、罗枢密

罗枢密又称茶罗，其核心功能是精准地筛分茶粉，从而确保泡出的茶水既口感细腻又品质卓越（图7.3）。这件茶具不仅实用性极强，更在无形中传递出深厚的文化底蕴，映射出当时的人们对茶文化的热爱以及对生活品质的不懈追求。

在"十二先生"中，茶罗凭借其独特的地位和功能，成为茶席上不可或缺的重要角色。从其名称来看，"罗"寓意着筛网是由细密的罗绢制成，其柔软与细腻的特性能够高效过滤茶粉中的杂质，从而确保茶水的纯净。而"枢密使"则是南宋时期掌管军事大权的高级官员。将茶罗与这一重要职位相提并论，不仅凸显了茶罗在茶具中的重要地位，更展现了南宋文人雅士的高尚情操。同时，"枢密"与"疏密"谐音，这恰好描述了茶罗筛网的特性。茶罗的筛网细密有致，能够将茶粉中的不同颗粒精准分离，使泡出的茶水口感更加丝滑细腻。

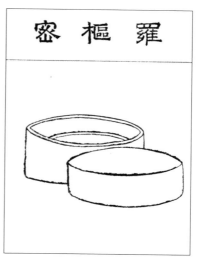

图7.3 审安老人撰《茶具图赞》中的罗枢密

三、竺副帅

竺副帅（图7.4），即茶筅，这款独特的茶具，因其别具一格的造型和实用性，为南宋的茶道注入了深厚的艺术气息。从名称中的"竺"字可看出，它是以竹材精

图7.4 审安老人撰《茶具图赞》中的竺副帅

心制作而成，与南宋时期竹制工艺的高度发展相得益彰。从绘有点茶器具的古图和陵墓壁画中，也可以看到这种演变：北宋初至中期主要使用茶匙，而到了宋徽宗前后的北宋末年，茶匙与茶筅并存，南宋后基本以茶筅为主。南宋文人雅士赞誉茶筅为"善调"的利器，其独特的质地和造型使其成为点茶的理想选择。同时，茶筅还被誉为"希点"，即"汤提点"的得力助手。在茶筅调制后的浮沫中，茶筅如"雪涛"般翻滚，为南宋茶道增添了一抹生动的画面。

《茶具图赞》一书为我们展现了南宋茶筅的形象。虽然书中的茶筅与现代款式略有出入，但其基本造型和功能却是一致的，体现了南宋茶筅在造型和功能上的高超水平。值得注意的是，《茶具图赞》的创作时间晚于李嵩的《货郎图》，但《货郎图》中描绘的竹茶筅与现代款式惊人地相似。这显示了南宋时期茶筅在造型上的多样性，各种造型的茶筅并存，呈现出一种多元而丰富的艺术风貌。

第三节　茶图中的竹器

一、《斗茶图轴》

明代唐寅创作的《斗茶图轴》（图7.5）清晰展现了明代的茶具形制，描绘了当时的茶具特色。画中，唐寅共绘四人分站两列，正手捧茶盏进行斗茶，身后各有竹制茶具陈列。这些茶具形式各异，但都由竹子和竹篾制成，造型别致。最右侧的茶具是一个四边开放的器皿，分为上下两层，上层有牙板，整体方正。紧邻其旁的另一件茶具在此基础上将上层扩大，呈上宽下窄的形状，顶部与侧柱之间、底部与腿足之间还装饰有弓背牙头，增添了几分雅致。其他几件茶具也稍作改动，在保持原有风格的同时融入了创新元素，增设了紫砂茶具、青花茶盏、白泥凉炉、白瓷茶入等器具。由此可以看出，这些茶具实际上是一种多宝格的展示方式。它们的排列并非固定，大多是按照个人喜好和审美

图7.5 明 唐寅 《鬪茶图轴》（局部） 绢本设色

需求定制的，追求禅意的优雅风格。左上角还有一个竹制提篮，里面放置着蒲扇、茶炉等各种杂物。《鬪茶图轴》不仅体现了明代茶文化的丰富多样性，还映射出当时社会的审美趣味和文化风尚。

二、《斗茶图》

唐代冯贽《记事珠》中说"建人谓斗茶为茗战"，因此斗茶又称"茗战"。在宋代，茶文化盛行，斗茶作为一种高尚的娱乐活动，深受士人阶层的喜爱。北宋初期，建安北苑崭露头角，荣升为贡茶的重要产地。为了满足皇家对茶叶品质的极致追求，以及社会各界对茶文化的热衷，斗茶这一独特的品茶形式在宋朝逐渐盛行开来。无论是辛勤耕耘的茶农，还是精于商道的茶商，乃至于普通百姓与儒雅文人，都沉浸在斗茶这一高雅且富有趣味性的活动中。范仲淹所创作的《和章岷从事斗茶歌》："鼎墨云外首山铜，瓶携江上中泠水。黄金碾畔绿尘飞，碧玉瓯中翠涛起。"❶描述了采茶、焙茶、制茶、点茶的过程。宋代斗茶文化，不仅深植于民间，成了一种广泛流传的风俗，更是文人墨客钟爱的雅玩。这一风尚在当时社会中风靡一时，标志着宋代茶艺步入了"精于点，游于艺"的全新境界。

刘松年的《斗茶图》（图7.6）不仅展现了出色的绘画技巧，更是对宋代茶文化的一次生动写照。在《斗茶图》中，刘松年精心刻画了四位人物，他们各自忙碌着，两人手捧茶杯，一人正提壶倒茶，还有一人负责扇炉烹茶。画面中心是几只造型别致的竹柜（图7.7），其设计精巧、棱角分明、结构轻巧，便于搬运和携带。从造型和结构上看，这些竹柜的设计相当巧妙，其结构分为三层，上层用于烧水、放置茶杯，相当于一个便携式的小茶桌；中层放置备用的茶具

图7.6　南宋　刘松年　《斗茶图》　绢本设色

❶ 北京大学古文献研究所、傅璇琮：《全宋诗》，北京大学出版社，1998，第1868页。

等；下层用于放置体积较大的器具。值得一提的是，这些竹柜的底部并未直接贴地，而是留有一定的高度。这样的设计既能够防潮防湿，又能保持空气流通，让茶具保持干燥。

图7.7 《斗茶图》中的竹柜

三、《茗园赌市图》

宋代茶肆、茶担及街头携壶售茶者的大量出现，极大促进了民间饮茶习俗的兴盛，也推动了茶具在普罗大众中的广泛传播。刘松年的《茗园赌市图》（图7.8）细致入微地展现了宋代市井生活的生动画卷，其中尤为引人注目的是挑担卖茶的小贩在市井斗茶的情景。《梦粱录》中有关宋代茶肆的记载："今之茶肆，列花架，安顿奇松异桧等物于其上，装饰店面，敲打响盏歌卖，只用瓷盏漆托供卖，则无银盂物也。"[1] 由此可知，宋代茶肆对于茶具以及店面的装饰都十分讲究，这样才能吸引客人来此喝茶。《茗园赌市图》与《十八学士图》《斗茶图》等描绘文人雅士斗茶情形的画作形成了鲜明对比，因为前者更侧重于刻画普通市民间的斗茶日常，为后世提供了深入洞察宋代民间文化的独特视角。

---

[1] 吴自牧：《梦粱录》，张社国、符均校注，三秦出版社，2004，第232页。

图7.8 南宋 刘松年 《茗园赌市图》绢本设色

《茗园赌市图》描绘了街头茶贩斗茶的场景。画面中，一些茶贩正手提壶器，互相对视着交谈，似乎在分享彼此的茶叶心得；另一些茶贩则在细心地将水注入茶盏中，准备开始他们的斗茶表演。在热闹的气氛中，一位表情显得有些失落的茶贩不甘心地回头张望着局势，可能是刚在斗茶中败下阵来。而对面表情镇定、自信满满的茶贩显然对自己的点茶技巧信心十足，他正静候在场众人的评价和反馈。画面的右侧，有一位肩负茶叶担子的老者，他的身旁是一位妇女，她右手提着茶壶，左手牵着小孩，一边前行一边不由自主地回头关注着茶贩们激烈的比拼。

四、《斗浆图》

《斗浆图》（图7.9）的作者虽已无从考证，但其独特的艺术魅力和深厚的

图7.9　宋　佚名 《斗浆图》 绢本设色

历史内涵，使其成为研究宋代市井生活的重要窗口。画面以花青、赭石、藤黄为主色调，巧妙地搭配少量石青，营造出一种古朴而淡雅的审美氛围。画中细致地描绘了六位斗茶者，他们身着宋代服饰，手持茶具，形态各异，栩栩如生。其中，一位斗茶者正专注地提起茶瓶倒茶，双眼紧盯着手中的茶碗，神情中流露出对茶的热爱。身旁的两位品茶人神情生动，仿佛正在品味茶的香醇，感受人生韵味：其中一位壮年男子，眉宇间透露出清秀与大方，饮茶的姿势豪放不羁；而另一位老者轻轻将茶盏举至嘴边，细细品味，脸上洋溢出悠然自得的神情。在画面的另一侧，两位老者神态安详，他们手提茶瓶、茶盏，似乎在交流着什么。旁边的一位老者面容慈祥，左手提着茶瓶，右手夹炭理火，为这场斗茶活动做着周到的准备。画中右下方有一茶篮插着一圆球状茶筅，其形制与上文提到的《茶具图赞》中的茶筅有所不同。这幅画作精妙绝伦地呈现了宋代市民日常生活的鲜活场景，同时深深折射出了当时的风雅气质。

　　画面中有四种形态各异的竹篮（图7.10）。这些竹篮被设计用来装载烧水的炭条，这一点从篮内清晰可见的铁架子便可得知。值得注意的是，即便是用于装载炭条的普通竹篮，其造型和编织工艺也展现出了非凡的技艺。图中每个竹篮不仅造型别致、结构精巧，而且在装饰和搭配上也极为考究。这充分表明，在宋代，人们在注重竹器实用性的同时，并未忽视其审美价值。

图7.10 《斗浆图》中装炭条的竹篮

　　经过精细工艺打造出的专门用于装载茶碗的竹篮（图7.11），其制作技艺之精湛，令人赞叹。与装载炭条的竹篮相比，这些茶碗竹篮在编织手法与框架构造上均呈现出截然不同的特点，每一处细节都经过深思熟虑，体现出了无与伦比的精致。竹篮选用的竹子材质上乘，经过工匠们的精心削刮与打磨，表面如镜般光滑，触感舒适宜人。在编织过程中，工匠们凭借丰富的经验与高超的技艺，巧妙地将竹条编织在一起，构成稳固的篮身与精美的篮底。值得一提的

图7.11 《斗浆图》中装茶碗的竹篮

是，这些竹篮的框架结构也经过精心设计，不仅增强了篮子的稳固性，还保证了其耐用性。即便承载茶碗的重量，这些竹篮也能保持原有形态，不易发生变形，充分展现了其精湛的制作技艺与实用价值。

五、《撵茶图》

刘松年所处的时代正是茶文化繁荣的时期，为他提供了大量创作灵感和素材。正是在这样的文化背景下，他创作了《撵茶图》（图7.12）等一系列以茶事为主题的画作，表现了文人雅集中点茶助兴的生动场景。画面的左侧，两位茶仆正专注于点茶的过程，他们的动作娴熟而优雅，展现出茶艺的精髓。画面的右侧有三位文人围坐品茶，其中一位僧人正伏案执笔作书，儒士们则相对而坐，静静观赏，旁边的高士手展画卷，与众人共同鉴赏。

在《撵茶图》中，作者将制茶过程中的撵茶步骤以细腻且精确的笔触进行

图7.12 南宋 刘松年 《撵茶图》 绢本设色

描绘。通常，完成撵茶步骤需要借助茶磨与茶撵这两样工具。而在审安老人所著的《茶具图赞》一书中，茶磨与茶撵分别被授予了新的称谓，其中"石转运"代表茶磨，"金法曹"指的是茶撵。蔡襄在《茶录》中提及"茶碾以银或铁为之"[1]，茶碾被审安老人称为金法曹是因为金姓是其材质，即茶碾由茶槽和茶轮组成。从审安老人对茶磨和茶撵的称呼可以推断出，茶磨是由石头制成的，而茶撵是金属材质。《撵茶图》侍者手中正在旋转的石制工具就是茶磨，也可以被称作茶磴。茶几最右侧放置的竹制器物被称为茶罗（图7.13）。茶罗的功能主要是筛选茶叶粉末，将其精细地过筛一遍，使得到的茶末更加细腻均匀。《茶录》中记载："茶罗以绝细为佳。罗底用蜀东川鹅溪画绢之密者，投汤中揉洗以幂之。"[2]《撵茶图》中的茶罗分为四层，层次越多，所筛选的茶粉质地越发细腻。《茶录》中还有记载："罗细则茶浮，粗则水浮。"[3]因此罗茶这一过程对茶罗的要求是越细越好，才能在点茶时"惟再罗则入汤轻泛，粥面光

图7.13 《撵茶图》中的茶罗

[1] 蔡襄：《茶录（外十种）》，唐晓云整理点校，上海书店出版社，2015，第14页。
[2] 蔡襄：《茶录（外十种）》，唐晓云整理点校，上海书店出版社，2015，第14页。
[3] 蔡襄：《茶录（外十种）》，唐晓云整理点校，上海书店出版社，2015，第13页。

凝，尽茶之色"❶。

六、《煮茶图》

丁云鹏所绘的《煮茶图》（图7.14）细腻地展现了卢仝烹茶的生动场景。画面中心，一棵优雅的白玉兰树矗立，其洁白的花朵在微风中轻轻摇曳。树的一侧，一座太湖石静静地伫立，其独特的纹理与形态为画面增添了一抹自然的韵味。太湖石的背后，一株海棠花开得正盛，红白相映，与翠绿的草地共同描绘出一幅生机勃勃的春景。在玉兰树下，卢仝端坐于榻上，神情专注。他的双手轻轻置于膝上，目光落在前方的竹炉上，似乎在等待火候。

竹炉，也称竹鑪，制作工艺十分独特，其外壳由精细的竹篾编织而成，内层嵌有铜质的内胆，并填充以陶土。这种设计精巧的竹器不仅能够作为炭火的容器提供温暖，还可用于烧煮清

图7.14 明 丁云鹏 《煮茶图》 纸本设色

---

❶ 蔡襄：《茶录（外十种）》，唐晓云整理点校，上海书店出版社，2015，第42页。

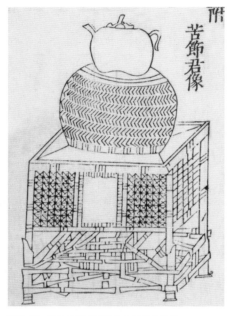

图7.15　顾元庆撰《茶谱》中的苦节君像

水。明代高濂于《遵生八笺》中曾提到茶具十六器，其中就有竹炉，将其称为"苦节君"[1]，并释文："煮茶竹炉也，用以煎茶，更有行者收藏。"[2]明代顾元庆《茶谱》中有"苦节君像"[3]（图7.15），苦节君设计的独特之处在于其上圆下方的造型，恰好呼应了华夏传统文化中"天圆地方"的哲学观念。之所以命名为"苦节君"，源于其历经烈火锤炼却始终保持高尚品格和坚韧意志的特质。这种特质，正是理学中人格化思想的深刻体现。从材质上讲，苦节君外层以竹为饰，内层则采用耐高温的泥土精心制作，既体现了材料的自然美，又彰显了工艺的精湛。

丁云鹏《煮茶图》中的竹炉放置在榻右前侧的一个竹架上，袅袅炊烟从炉中升起，为画面增添了一抹温馨的氛围。一名长须奴仆手提水桶而来，准备为烹茶提供所需的水源。另一侧有一位女婢手捧茶笼，步态轻盈地走向床榻，似乎要将新采的茶叶呈现给主人。画面中的人物形象生动，面容平和，须发清晰可见，线条流畅有力，色彩自然和谐，呈现出一种古朴而典雅的美感。在画面前方，一个精致的石几上摆放着八件茶具与山石盆景。这些茶具造型古朴，釉色温润，与周围的自然景色相得益彰。

丁云鹏所绘《煮茶图》中的茶炉更接近宋朝时期的"韦鸿胪"茶炉样式。

---

[1] 高濂：《遵生八笺》，王大淳、李继明、戴文娟、赵加强整理，人民卫生出版社，2007，第332页。
[2] 高濂：《遵生八笺》，王大淳、李继明、戴文娟、赵加强整理，人民卫生出版社，2007，第332页。
[3] 朱自振、沈冬梅：《中国古代茶书集成》，上海文化出版社，2010，第188页。

这种茶炉在前后均无开口设计，而是依靠内部的炭火来加热茶水。在茶炉的下方，画家巧妙地设置了一个方形竹架，用以将茶炉与下方的榻面隔开，同时，竹架上还铺设了一块石板，既增强了茶炉的稳定性，又使整个煮茶过程更加卫生与雅致。与其不同的是，王问绘制的《煮茶图》（图7.16）中的竹茶炉（图7.17）形态别具一格，其核心设计体现在一个四方形的竹盒上。此盒前方设有一开口，便于投入柴火，以维持炉火燃烧；而后方巧妙地留有一中空竹管，旨在确保炉内的烟雾能够顺利排出，保持周围环境的清新。

图7.16　明　王问　《煮茶图》　纸本水墨

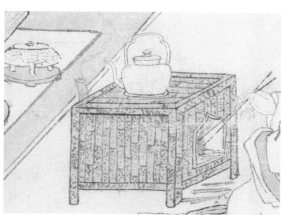

图7.17　《煮茶图》中的竹茶炉

第八章

历代三苏图绘中的竹器

历代三苏图绘指的是与北宋文学家苏洵、苏轼、苏辙三人有关的图像和绘画作品。历代关于三苏的图绘有很多，从北宋到民国一直兴盛在各个阶层，广受百姓喜爱。其中一些著名的图绘甚至在明清时期大量被复刻于瓷器、漆器、玉雕、木雕等民间工艺美术中，成为民间艺术的经典范式。在这些图绘中，也不乏与竹器相关的细节，本节将从一个微观的角度体现出古代名士的精神状态和生活意趣。

第一节　东坡笠屐图

苏轼不仅在文学和艺术领域取得了较大成就，更是在中国文化史上留下了浓墨重彩的一笔。在关于他的众多绘画作品中，众多以东坡笠屐图为绘画主题的作品是艺术造诣最高、最能体现以苏轼为描绘对象的绘画艺术风格和特色的一类作品，也是研究三苏图绘绘画艺术特点及思想情感重要的历史文献。

传北宋时期画家李公麟创作的《东坡笠屐图》是一幅绢本设色画（图8.1），画中所绘人物衣带飘逸，飘然若仙，画面以写意笔法绘制，将东坡戴竹笠、穿木屐的形象生动地呈现在观者面前。该画的创作背景源自苏轼谪居儋州时的一个故事。北宋绍圣四年（1097年），苏轼谪居儋州三载，与"古儋州第一文士"黎子云交往密切。此故事最早见周紫芝的《太仓稀米集》记载：

东坡老人居儋耳，尝独游城北，过溪观阅客草舍，偶得一箬笠，戴归，妇女小儿皆笑，邑犬皆吠，吠所怪也。六月六日，恶热，如堕甑中，散发南轩，偶诵其语，忽大风自北来，骤雨弥刻。

持节休夸海上苏，前身便是牧羊奴。应嫌朱绂当年梦，故作黄冠一笑娱。

遗迹与公归物外，清风为我袭庭隅。凭谁唤起王摩诘，画作东坡戴笠图。❶

　　当苏东坡意外得到一顶以蒲蒻精巧编织而成的帽子时，他随意地戴在头上归家而去。这一不寻常的装束立刻引起了周围妇女和孩童的欢笑，甚至乡间的野犬也因这种陌生且奇特的行为而警觉地吠叫起来。然而，突如其来的骤雨打破了这一刻的嬉笑和吠叫。苏东坡的戴笠之举，在不经意间竟成了一种预见性的象征，仿佛他早已洞悉了天气的变化。这一事件不仅增添了苏东坡的传奇色彩，更是让人们对他的智慧和预知能力刮目相看。虽然关于这个故事的历史真实性尚存争议，难以确凿地证实，然而其作为灵感源泉所塑造的"东坡笠屐"形象，经过后世文学家们的细腻描绘和画家的匠心独运，已然成为苏轼形象中最为深入人心、经典传世的象征。

　　随后，费衮在《梁溪漫志》中以及张端义在《贵耳集》中，均有所记载，讲述了苏轼借笠的轶事。费衮在《梁溪漫志》中叙述此事时，不仅增添了"着屐而归"的描绘，更为立体地展现了"东坡笠屐"的形象，而且明确指出苏轼借笠的原因是"过访黎子云"。这一细节的补充，使故事背景更为丰富。张端义在《贵耳集》中进一步深入探讨了苏轼过访黎子云的目的。书中详细描述了苏轼是为了"玩诵柳文"而造访黎子云，这不仅增加了故事的趣味性，也反映出苏轼与柳宗元文学思想的相通之处。此外，张端义还补充了苏轼自赞《东坡笠屐图》的细节，加深了我们对苏轼自我认知及其艺术追求的理解。

　　此后，"东坡笠屐"开始频繁进入各朝代的文学记载中，并衍生为具有图像学意义的"东坡笠屐图"题材，研究内容及精神内涵长盛不衰并传承至今。自北宋以降，历代许多画家都曾创作过该题材的作品，虽然费衮认为"多俗笔也"，但也表明了彼时这一主题的创作热度。

　　自南宋以来，"东坡笠屐"在近千年的时间里一直是一个重要的绘画母题，

---

❶ 周紫芝：《太仓稊米集诗笺释》，徐海梅笺释，江西人民出版社，2015，第58—59页。

其影响及于海外。历代名家如宋元时期的李公麟，明清时期包括孙克弘、唐寅、钱谷、朱之蕃、曾鲸、小荷女史、李鱓、张廷济、李育、费以耕、陆辉、任雄、马咸等，近代张大千、程十发等在内的画家，从他们众多传世画作中可以发现，对于"东坡笠屐"这一主题的描绘与再现，多数画家并非仅仅以"东坡笠屐图"的形式呈现，而是更倾向于将其塑造为"东坡笠屐像"（图8.2~图8.16）。这些作品大多沿袭了传统文人肖像画的创作模式，通过对苏轼头戴斗笠、足蹬木屐的经典形象进行精细的描绘和摹仿，展现了苏轼的文人风骨与独特气质。他们所绘的《东坡笠屐图》，从造型来讲，大致可分为两类：一类为头戴斗笠，脚蹬木屐，腰微屈，两手提衣，向前迈进。为了表述方便，姑且将此类型称为"提衣型"。另一类为头戴斗笠，脚蹬木屐，一手挂杖、一手提衣（或举手），怡然自得地前行。

图8.1 （传）北宋 李公麟 《东坡笠屐图》 绢本设色

图8.2 明 孙克弘 《东坡先生笠屐图》

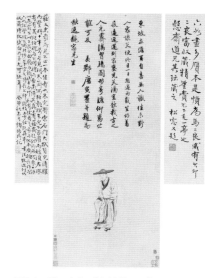

图8.3 明 唐寅 《东坡笠屐图》

图8.4 明 钱谷 《东坡笠屐图》

图8.5 明 朱之蕃 《东坡笠屐图》 纸本设色

图8.6 清 曾鲸 《苏文忠公笠屐图》

图8.7 清 小荷女史 《东坡笠屐图》

图8.8 清 李鱓 《东坡笠屐图》

图8.9 清 张廷济 《东坡先生笠屐图》

图8.10 清 李育 《东坡笠屐图》

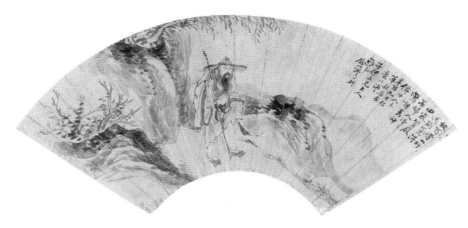

图8.11　清　费以耕　《东坡笠屐图》

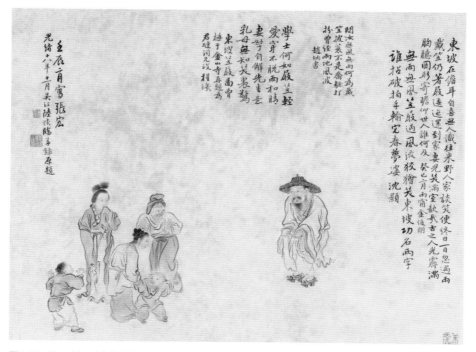

图8.12　清　陆辉　《东坡先生笠屐图》　纸本设色

图8.13 清 任雄 《东坡笠屐图》

图8.14 清 马咸 《东坡笠屐图》
纸本设色

图8.15 张大千 《东坡笠屐图》

图8.16 程十发 《东坡笠屐图》

传李公麟《东坡笠屐图》被认为是该类画作的首次创作，并形成"笠屐"的肖像符号，配以衣带飘逸的广袖宽袍，有的图绘作品中还使人物手持竹杖，渲染了苏轼的政治品节与人格魅力，体现出苏轼的隐逸思想和超然态度。至于苏轼本身的容貌则是有多重表现方式，有的描绘成精神矍铄的清瘦老人，有的是蓄有大胡子的正值风华正茂的青壮年，有的鬓衰体弱带有贬居岭南的沧桑感，展现出不同画家在审美追求、情感寄托上的差异。在这系列的画作中，竹杖、竹笠、木屐就成为解读图像隐喻的重要信息。

一、竹杖

有关东坡笠屐的故事中皆无拄杖的记载，"东坡笠屐图"题材作品也以无拄杖而双手提裳者为多。东坡拄杖的形象最早见于马远的《西园雅集图》。图中东坡峨冠丰髯，执杖曳袖，从远处的溪桥向画面中间走来。最早的戴笠、着屐、拄杖的东坡像源自仇英的《东坡笠屐图》，拄杖形象的构思应该来自东坡诗词的启示。东坡诗词中常写到"策杖"，如《定风波》："莫听穿林打叶声，何妨吟啸且徐行。竹杖芒鞋轻胜马，谁怕？一蓑烟雨任平生。"凡行路、游玩必携杖，故"拄杖""策杖""扶杖""植杖""曳杖""杖藜""竹杖"等都包含着闲游、逍遥、远离尘俗的意思，而这正是文人画家在画里所寄托的深意。

苏轼对杖的歌咏和传诵，更是让执杖一度成为文人参加集会或出游的常携之物。杖与文人之间的距离进一步拉近，逐渐成为鉴赏与把玩之物，杖头挂物更是从一种怪诞行为转变为文人雅趣。这是对杖进行的一次更为彻底的身份转变，即成为需要审美注视的赏玩物品。

明代诗人乔世宁在《竹杖叹》中也重点强调了竹杖在其生活中的作用："我病常持一竹杖，出门入门全尔杖……。"❶表明了竹杖以前就对人们的出行有辅助作用，特别是老年人和病患者，竹杖在现代中国的一些农村地区还在使用。

---

❶ 朱彝尊：《明诗综》卷八十上册，中华书局，2007，第3907页。

二、竹笠

诸多《东坡笠屐图》中的竹斗笠（图8.17），是用竹篾、柔韧的藤条、宽大的芭蕉叶、结实的葵叶和笠油等多种自然材料精细制作而成。它轻盈透气，具备极佳的防晒和遮雨功能，是农户在田间辛勤劳作的

图8.17　竹斗笠

得力助手。苏东坡被贬谪至广东惠州时，发现了当地人使用的竹笠在劳作中的实用性，但发现其遮阳效果仍有不足。于是，他巧妙地进行了改良，将这种传统的斗笠升级为了"东坡帽"。在斗笠的帽檐处，苏东坡巧妙地添加了一圈几寸长的黑布或蓝布，有效地防止了阳光直射到农夫的脸庞，进一步提升了竹笠的防晒效果。

竹材自古以来就被人们制作成各种各样的器物，由此方便人们的衣食住行用，竹制作的器物包括家具、生产用具、夏天人们避暑的用具、饮食相关的用具、出行用具等。苏东坡对竹的作用的认识是比较清楚的："食者竹笋，庇者竹瓦，载者竹筏，炊者竹薪，衣者竹皮，书者竹纸，履者竹鞋，真可谓不可一日无此君也。"❶

三、木屐

木屐的设计精妙且实用，它采用精选的木板和木屐带制作而成，确保了其既轻便又耐用的特性。值得一提的是，为了应对雨天泥泞的路况，木屐的底部特别增设了两条"凸起"的木条。这两条木条不仅增强了木屐的防滑性能，使其在湿滑的地面上更加稳固，还具备了出色的耐磨损特性，使木屐能够在各种

❶ 苏东坡：《苏东坡全集》，北京燕山出版社，2009，第6页。

恶劣的行走环境中保持持久的耐用性。这一巧妙的设计，使木屐成了那些需要在恶劣天气条件下出行的人们的理想选择。

《东坡笠屐图》的画面充满文人浪漫，但实际上描绘的是苏轼的贬谪遭遇。前文周紫芝诗中便有"持节休夸海上苏，前身便是牧羊奴"的描写，即以苏武牧羊比拟苏轼的贬谪放逐。"这种政治理想的幻灭心态，以及流贬海外的落寞情绪，正是笠屐本事中东坡老人形象的精神底色，这种政治隐喻与情感内涵也因其深曲难解，只能诉诸非直观性的、表达空间更为广阔的题咏文字，始终鲜少受到后世画家的关注与表现"。画家更多关注并表达的是通过"笠屐"来展现一种超然世外的隐逸思想，并晕染了浪漫的谪仙色彩，借此来抒发内心的向往。

宋代儒家思想以"仁义"为核心，儒家的"仁政"主张对现实社会进行改造，将个人的自由、尊严和价值等"仁政"价值置于首要位置，其目的在于使国家富强、百姓安居乐业，但这一目的需要在君主的英明领导下才能得以实现。因此，在当时的社会背景下，宋代文人更多地将个人价值与国家利益联系起来，以儒家"仁政"思想来规范自身行为。但同时，这一思想也与当时的"隐逸"思想有着密切的联系。在宋代文人心中，"隐逸"是一种个人价值的追求。他们通过自我人格的完善以获得自我价值的实现，从而体现自身价值。

北宋时期，儒家"仁政"思想与道家"自然无为"思想并存于文人的精神世界中。仁政思想以个人道德修养为主要内容，主张以仁爱之心对待百姓；道家则是以自然无为为主要内容，主张人与自然和谐相处和谐发展。

苏轼在仕途上并不得意，但他在儒、道思想盛行的宋代，开创了自己的"隐逸"之风，这种隐逸并非纯粹的避世态度，而是在洞察世事之后，仍然葆有的豁达胸襟与乐观心境。因此，诸多《东坡笠屐图》中描绘的人物，似乎成为当时的隐士符号，是对超脱世俗、淡泊名利的精神向往，这种向往在当时社会中有其积极意义。虽然社会现实不允许他们"居庙堂之高"，但他们可以"处江湖之远"，寄情于山水之间、诗画之中，在心灵的净土上，追求自己的理想与自由。可以说苏轼的一生，就是"隐逸"之风盛行的一生。他的作品，体现出对

"隐逸"的追求。他的诗文，表现出对隐逸之风的推崇和追求，如《东坡八首》《次韵子由西湖行》《次韵秦少游》《与朱文公书》等。苏轼的人生经历跌宕起伏，虽在仕途上遭受了各种打击，但是他始终没有放弃对生活的热爱和对理想的追求。在遭受贬谪后，他依旧坚守自己的政治抱负，在逆境中不断地寻找突破。他"处江湖之远"，却不放弃对"道"的追求，不放弃对人生价值的思考。

"东坡笠屐图"展现了苏轼"自谓此身无所负，平生物理常完足"的精神面貌。此画是描绘苏轼晚年的佳作，是他自画像的形象再现，也是他"向内"探索人生的思考，是他对"诗酒人生"境界追求的一种表达。李公麟将苏轼戴竹笠、穿笠屐的形象描绘得栩栩如生，在形象、神韵上与苏轼相仿。画面上的每一处细节都彰显着作者对苏轼的由衷赞美和对其人格精神的崇敬与推崇。竹笠、木屐，这两件日常生活中用来遮蔽风雨、方便行走的物品，也在绘画中富含特殊文化意义，成为一种文化象征和精神寄托。

第二节　西园雅集图

雅集作为文人阶层中备受青睐的娱乐活动，主要以宴游和聚会的形式进行。在文化复兴、经济蓬勃发展的时代背景下，这些活动受到了文人士大夫阶层的热烈推崇。以雅集为主题所创作的绘画作品，通常被称为"雅集类绘画"。由于参与者众多，雅集活动频繁举行，因此涌现了大量描绘雅集场景、展示雅集风貌的绘画和文字作品，它们共同构成了丰富多彩的文化景观。

宋代的科举制度盛极一时，不仅推动了社会对于学识与才能的崇尚，更是让文人的地位达到了前所未有的高度。与此同时，文人画作为这一时代文化繁荣的重要标志，也迎来了广泛的发展与繁荣。这一时期的文人雅集活动频繁举办，这些雅集不仅是文人墨客交流思想、切磋技艺的场所，更是推动绘画和文字创作的重要平台。随着雅集活动的频繁举行，绘画和文字相关的记录数量也显著增加。这些记录中，涌现出诸多经典的绘画创作，如《西园雅集图》《博

古图》等，它们不仅展现了宋代文人画的独特魅力，也反映了当时社会的审美
风尚和文化氛围。

北宋元祐年间，驸马都尉王诜在其府邸的西园，举办了一场别开生面的
文人雅集，誉为"西园雅集"，不仅因为它的地点设置，更因其参与者皆为当
时文坛的佼佼者，如才华横溢的苏轼、书法造诣深厚的黄庭坚、画技精湛的
李公麟以及书法大家米芾等。他们共聚一堂，以文会友，交流心得。"西园
雅集图"也是重要的三苏题材绘画，创作及临仿之作众多，如南宋的刘松年
（图8.18、图8.19）、佚名（图8.20、图8.21）、马远（图8.22、图8.23），元代的
赵孟頫（图8.24），明代的尤求（图8.25）、唐寅（图8.26）、程仲坚（图8.27）、
仇英（图8.28）、丁观鹏（图8.29），清代的华嵒（图8.30）、石涛（图8.31）等
均摹绘过西园雅集或以西园雅集为题材进行变体创作。

图8.18

图8.18 南宋 刘松年 《西园雅集图》(局部)

图8.19 南宋 刘松年 《西园雅集图》

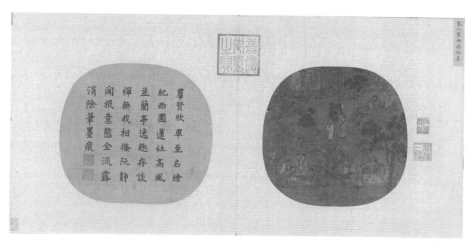

图8.20　南宋　佚名　《西园雅集图》

图8.21　南宋　佚名　《西园雅集图》（局部）

图8.22　南宋　马远　《春游赋诗图》（西园雅集图）（局部）

图8.23　南宋　马远　《春游赋诗图》（西园雅集图）

图8.24　元　赵孟頫　《西园雅集图》（局部）　绢本设色

图8.25　明　尤求　《西园雅集图》　纸本水墨

图8.26 明 唐寅 《西园雅集图卷》 绢本设色

图8.27 明 程仲坚 《西园雅集图》　　图8.28 明 仇英 《西园雅集图》

图8.29　明　丁观鹏 《摹仇英西园雅集图》 纸本浅设色

图8.30　清　华嵒　《西园雅集图》

图8.31　清　石涛　《西园雅集图》

一、竹管毛笔

竹笔，作为中华民族源远流长的文化瑰宝，自古便是书写与绘画的重要工具，它不仅承载着书法艺术的精髓，也见证了中国绘画艺术的繁荣。竹笔的独特之处在于其笔杆由竹子精心制作而成，这种材质赋予了它独特的质感和书写体验。何明、廖国强在《中国竹文化》称："在纷繁多样的毛笔家族中，竹毛

笔可以说是最为庞大的一支。其以无与伦比的实用和审美功能备受历代文人墨客的钟爱，称誉古今。"❶

自古以来，竹管在制笔工艺中占据着举足轻重的地位，被普遍视为制笔的理想材料。特别是对中、小型笔而言，竹管凭借其轻便、挺直且耐用的特质，成为首选，其物美价廉的特点更深受制笔匠人的青睐。竹子的广泛分布与旺盛的生命力，使其采集相对简便，资源相对丰富。此外，竹子在中华文化中拥有深远的象征意义，素有"君子"之称，代表着坚贞不屈的气节，为文人雅士所钟爱。在选取用于制作笔管的竹子时，需特别留意其品质，一般而言，要求竹竿不宜过粗，而竹节间距需适中，以确保笔管的优雅与实用。

苏轼喜好诸葛笔，曾在《书唐林夫惠诸葛笔》中言："唐林夫以诸葛笔两束寄仆，每束十色，奇妙之极。非林夫善书，莫能得此笔。林夫又求仆行草，故为作此数纸。"❷苏轼深信，诸葛笔在传承中能够坚守唐代的工艺精髓，其毫毛之健，笔心之圆，皆体现了极高的工艺标准和审美追求。苏轼将使用诸葛笔视为自己经历流放后重获自由的一大乐事。"今日于叔静家饮官法酒，烹团茶，烧衙香，用诸葛笔，皆北归喜事。"❸

竹制笔管相较于以金、银、象牙、玳瑁等贵重材料为管身的毛笔而言，少了一份奢华与华丽，更与那些以珍稀木材如楠木、丁香、沉香木、花梨等制作的毛笔所散发出的珍稀难寻之气质相异。历代《西园雅集图》中东坡、伯时、元章手中所持的竹管毛笔皆无华丽的装饰。竹管毛笔更多流露出的是一种独特的淡雅与质朴之美，这种朴素与内敛的风格与宋代士大夫阶层所崇尚的戒奢崇俭、追求恬淡与高雅的生活态度不谋而合。它不仅是书写工具，更是宋代士人文化精神的一种象征和体现。匀称分明的竹节，如同文人雅士对品行和修养的追求一般。他们向往着内心的清明，渴望展现出一种高尚、坚定的精神风貌。

---

❶ 何明、廖国强：《中国竹文化》，人民出版社，2007，第6页。
❷ 苏轼：《苏轼文集》卷五十七，孔凡礼点校，中华书局，1986，第1717页。
❸ 苏轼：《苏轼文集》卷七十，中华书局，1986，第2236页。

这种品格与竹节之间的清晰界限相互呼应，彰显出他们追求高风亮节、坚守道德底线的决心。竹管坚劲挺直的特质，不仅象征着士大夫们坚定不移、刚正不阿的志向，更传递出他们对于道德和理想的坚守。同时，竹管的空心设计，并非空洞无物，而是暗含着一种深邃的内涵——它象征着谦谦君子般的广阔胸怀和深邃的气度。这种气度，不仅是外在的谦逊有礼，更是内在的包容与智慧。这些独有的特征赋予了竹管毛笔一种独特的情怀，这种情怀在其他的物质形态中极为罕见。通过竹管毛笔，书写者不仅能够记录文字，更能够传达出自己的价值观念、精神追求和独特个性。

二、竹纸

纸作为融合文字与书画艺术的独特载体，对笔墨技法的变化和意境的深邃表达起到了举足轻重的作用。在宋代这一历史阶段，造纸业经历了一个显著的繁荣时期。随着文人士大夫群体的涌现与扩大，对纸张的需求量与日俱增，进而推动了纸张产品向更为多元化、精细化的方向发展。这种纸品的多样化发展，不仅满足了文化艺术领域的需要，更为印刷业的蓬勃发展奠定了坚实的基础。

竹纸，作为中国传统文化中独具魅力的载体，承载着丰富的书法和绘画艺术价值。王安石、苏轼等文人墨客都曾在柔韧且易于吸墨的纸张上，尽情挥洒才情，创作出了无数令人叹为观止的艺术杰作。不仅如此，作家、诗人、史学家和科学家同样借助竹纸，留下了诸多鸿篇巨制，共同构筑了中国深厚的纸文化遗产。竹纸凭借其独特的润墨性和渗透性，使书画家们在纸上挥毫时，能够完美呈现出墨色的肥瘦疏密和深浅浓淡，彰显出极强的艺术表现力。

第三节　东坡博古图

"博古"一词的出现可以追溯到汉朝时期，张衡在描绘长安繁华、社会奢靡风气的《西京赋》中提道："雅好博古，学乎旧史氏。"❶在探讨古器物鉴赏时，我们首先需要考虑的是，只有具备一定文化素养的文人才具备这一活动的基本要求。除了文化素养外，具备一定的经济基础同样是不可或缺的条件，因为能够收购古玩的个体往往需要有足够的财力支持。拥有"博古"的能力，不仅象征着一个人高于普通百姓的士人身份和地位，更展现了主人独特且高雅的品位和爱好。在北宋徽宗年间，一部金石学巨著——《宣和博古图》横空出世，其中首次出现了"博古图"这一名称。这部典籍的编纂，背后有着深远的历史背景和丰富的文化底蕴。它是当时朝廷重臣王黼的心血之作，并在宋徽宗的亲自指导下编撰完成。

明代曹昭《格古要论》的序言中，能够看到文人对于古物鉴赏的优良态度："凡见一物，必阅遍图谱，究其来历，格其优劣，别其是非而后已……于古今名玩器具真赝优劣之解，剖析纤微，源流本末，厘然备具。"❷这种对古物的极大热情与深厚爱好，使文人们在探寻所见器物的来源时，常常回溯前代的经典著录，力求从中找寻线索，以便更为准确地理解和评价这些古物。他们凭借精湛的眼力和完备的鉴赏知识，在古物的世界中遨游，一探究竟，不断挖掘和传承着这些古物所承载的历史与文化价值。对于文人而言，他们对古物的"拥有"并非出于实用目的，而是旨在平日中寻求一种心灵的宁静与审美的享受。这种拥有并非为了物质上的使用，而是更多地体现为一种精神上的寄托和追求。文人通过欣赏和品味古物，能够在繁忙的生活中找到一片宁静的天地，进行心灵的沉淀和升华。

在深入探讨博古文化时，我们不难发现其核心在于对古器物与古玩的鉴赏与珍藏。博古图作为这一文化的独特产物，可以划分为两大类。

一类为图谱类博古图，以直观的形式记录并呈现了古代珍贵器物的形态与特质。这些图谱不仅细致地绘制了诸如鼎、瓷器、玉器、石雕等各类古玩的形

---

❶ 张衡：《张衡诗文集校法》，张震泽校注，上海古籍出版社，2009，第19页。
❷ 金沖霖：《四库全书子部精要（中）》，天津古籍出版社，1998，第1273页。

状，更辅以详尽的文字描述，为
观众提供了一条直观且富有深度
的学习途径。通过这些图谱，人
们可以更加深入地了解古代器物
的特色与魅力，从而拓宽自身的
知识面与视野。在北宋时期，宋
徽宗的内廷收藏了大量丰富多样
的古玩，经过精心整理，最终编
撰成《宣和博古图》。这部作品不
仅详细记录了宣和殿所藏的从商
代至唐代的青铜器物，更是为后
世留下了宝贵的文化遗产。

　　另一类博古图则侧重于描绘收
藏者鉴赏古玩的生动场景。这类图
像中的鉴赏内容同样丰富多彩，其
中包括摆放茶具、香炉等清雅之物
以衬托古器的画面。如宋代刘松
年的《博古图》(图8.32)与元代
钱选的《鉴古图》(图8.33)便生
动地展现了文人大夫们聚集一堂，
共赏古器的优雅情景。

图8.32　南宋　刘松年　《博古图》　绢本设色

　　自宋代伊始，博古图这一独
特的绘画形式便逐渐走进人们的视野。其绘画内容并非一成不变，而是随着时
间的推移不断丰富。最初，博古图主要以单一的古器物图录形式呈现，着重于
对器物的记载和描绘。随着时代的演进，这一绘画形式逐渐融入了更多的元素
和创意。到了明代，博古图更是迎来了显著的转变。它不再仅仅是古器物的简

图8.33　元　钱选　《鉴古图》　绢本设色

单记录，而是演变成以趣味性古器物陈列为主的展示性绘画。这些古器物被巧妙地排列组合，形成了一幅幅富有艺术性和观赏性的画面。如明代杜堇的《玩古图》（图8.34）便描绘文人赏玩古器物情景的主题式绘画，将文人的精神世界和审美趣味融入其中。宋人崇尚古风，明清文人则热衷于古器物的收藏与鉴赏。随着古器物收藏之风的日益兴起，鉴古成为文人精神生活中不可或缺的一部分。这种风尚也在博古图的创作中得到了充分的体现。画家们通过对构图形式的多样化处理，使画面更加丰富有趣，既展现了古器物的韵味，又体现了文人独特的审美追求。

图8.34　明　杜堇　《玩古图》　绢本设色

　　如《东坡博古图》（图8.35）中将"东坡"与"博古"相联系的名称出现的时间较晚，明人汪珂玉《珊瑚网》[1]中记载"嘉靖四十四年籍没"的《分宜严氏画品挂轴目》中有一幅《东坡博古图》，或许是最早的一条记录。从现存画作来看，各类《东坡博古图》可能是横卷李公麟《西园雅集图》中涉及苏东坡部分的变体。"东坡博古"这一新题材的出现契合了明季江南人士安闲舒适、从容优渥的生活情态，也为其他鉴古、博古题材的画作，或单纯的肖像画提供了新的创作图式。"东坡博古图"的出现与苏轼酷爱收藏且得天独厚的家庭条件有关。北宋时期，眉山苏洵、苏轼、苏辙父子三人同列"唐宋八大家"，世称"三苏"。苏轼的父亲苏洵酷爱书画收藏，其藏品之富，堪与官家王侯相媲美。

---

[1] 孔令伟：《悦古——中国艺术史中的古器物及其图像表达》，上海书画出版社，2020，第168页。

图8.35　清　萧晨　《东坡博古图》 纸本扇面　纸本设色

参考文献

图书

[1] 朱彝尊. 明诗综[M]. 北京：中华书局，2007.

[2] 班固. 汉书[M]. 颜师古，注释. 北京：中华书局，1962.

[3] 司马迁. 史记[M]. 北京：中华书局，2011.

[4] 刘昫等. 旧唐书[M]. 北京：中华书局，1975.

[5] 房玄龄等. 晋书[M]. 北京：中华书局，1974.

[6] 彭定求. 全唐诗[M]. 北京：中华书局，1999.

[7] 文震亨. 长物志[M]. 北京：金城出版社，2010.

[8] 高濂. 遵生八笺[M]. 北京：人民卫生出版社，2007.

[9] 午荣. 鲁班经[M]. 易金木，译注. 北京：华文出版社，2007.

[10] 脱脱等. 宋史[M]. 北京：中华书局，1977.

[11] 张华. 博物志[M]. 祝鸿杰，译. 贵阳：贵州人民出版社，1992.

[12] 诗经[M]. 王秀梅，译注. 北京：中华书局，2006.

[13] 王圻，王思义. 三才图会[M]. 上海：上海古籍出版社，1988.

[14] 王世襄. 明式家具研究[M]. 北京：生活·读书·新知三联书店，2008.

[15] 邵晓峰. 中国宋代家具[M]. 南京：东南大学出版社，2010.

[16] 李匡义. 资暇集[M]. 北京：中华书局，1985.

[17] 陈于书. 家具史[M]. 北京：中国轻工业出版社，2009.

[18] 蔡襄. 茶录（外十种）[M]. 唐晓云，点校. 上海：上海书店出版社，2015.

[19] 陆羽. 茶经译注（外三种）[M]. 宋一明，译注. 上海：上海古籍出版社，
    2017.

[20] 赵佶. 大观茶论 [M]. 日月洲，注. 北京：九州出版社，2018.

[21] 戴圣. 礼记 [M]. 胡平生，张萌，译注. 北京：中华书局，2017.

[22] 司马光. 资治通鉴 [M]. 北京：改革出版社，1993.

[23] 朱自振，沈冬梅. 中国古代茶书集成 [M]. 上海：上海文化出版社，2010.

[24] 刘熙. 释名 [M]. 任继昉，刘江涛，译注. 北京：中华书局，2023.

[25] 吕少卿. 大众趣味与文人审美——两宋风俗画研究 [M]. 天津：天津人民美
术出版社，2014.

[26] 周密. 武林旧事 [M]. 杭州：浙江人民出版社，1984.

[27] 陆游. 老学庵笔记 [M]. 李剑雄，刘德权，点校. 北京：中华书局，1979.

[28] 王祯. 王祯农书 [M]. 王毓瑚，点校. 北京：中国农业出版社，1981.

[29] 孟元老. 东京梦华录译注 [M]. 王莹，译注. 上海：上海三联书店，2014.

[30] 舒新成，沈颐. 辞海 [M]. 北京：中华书局，1981.

[31] 吴自牧. 梦粱录 [M]. 张社国，符均，校注. 西安：三秦出版社，2004.

[32] 王祯. 东鲁王氏农书译注 [M]. 缪启愉，缪桂龙，译注. 上海：上海古籍出
版社，2008.

[33] 欧阳修，许嘉璐，安平秋，等. 新唐书 [M]. 上海：汉语大词典出版社，
2004.

[34] 吕不韦，孙建军. 吕氏春秋 [M]. 长春：吉林文史出版社，2016.

[35] 林谦三. 东亚乐器考 [M]. 钱稻孙，译. 上海：上海书店出版社，2013.

[36] 洪刍等. 香谱（外四种）[M]. 田渊，点校. 上海：上海书店出版社，2018.

[37] 李其琼. 中国敦煌壁画全集 7：敦煌中唐 [M]. 天津：天津人民美术出版社，
2006.

[38] 张志攀. 昭陵唐墓壁画 [M]. 北京：北京文物出版社，2006.

[39] 刘恂. 岭表录异 [M]. 鲁迅，点校. 广州：广东人民出版社，1983.

[40] 北京大学古文献研究所，傅璇琮. 全宋诗 [M]. 北京：北京大学出版社，
1998.

[41] 周紫芝. 太仓梯米集诗笺释[M]. 徐海梅，笺释. 南昌：江西人民出版社，2015.

[42] 苏东坡，段书伟，杨嘉仁. 苏东坡全集[M]. 北京：北京燕山出版社，2009.

[43] 何明，廖国强. 中国竹文化[M]. 北京：人民出版社，2007.

[44] 苏轼. 苏轼文集[M]. 孔凡礼，点校. 北京：中华书局，1986.

[45] 张衡. 张衡诗文集校注[M]. 张震泽，校注. 上海：上海古籍出版社，2009.

[46] 金冲霖. 四库全书子部精要（中）[M]. 天津：天津古籍出版社，1998.

[47] 孔令伟. 悦古——中国艺术史中的古器物及其图像表达[M]. 上海：上海书画出版社，2020.

期刊文章

[1] 王世襄. 谈几种明代家具的形成[J]. 收藏家，1996（4）：44-51.

[2] 王世襄.《鲁班经匠家镜》家具条款初释[J]. 故宫博物院院刊，1980（3）：55-65，68.

[3] 申明倩，齐成.《红楼梦》中的竹家具设计研究[J]. 林产工业，2021（8）：75-79，84.

[4] 吴文治. 里弄街头的移动厨房：近现代上海流动食摊骆驼担设计研究[J]. 艺术探索，2020（1）：73-81.

[5] 黄齐成. 中国传统竹家具发展略考[J]. 文物天地，2024（5）：49-55.

[6] 胡德生. 古代的椅和凳[J]. 故宫博物院院刊，1996（3）：23-33.

学位论文

[1] 宋芳斌. 两宋时期绘画艺术传播研究[D]. 南京：东南大学，2021.